Görrisch

Moderne Lausch- und Störverfahren

Dieter Görrisch

FRANZIS EXPERIMENTE

Moderne Lausch- und Störverfahren

Mit 49 Abbildungen

FRANZIS

Bibliografische Information der Deutschen Bibliothek

Die Deutsche Bibliothek verzeichnet diese Publikation in der Deutschen Nationalbibliografie; detaillierte Daten sind im Internet über **http://dnb.ddb.de** abrufbar.

Satz: DTP-Satz A. Kugge, München
art & design: www.ideehoch2.de
Druck: Legoprint S.p.A., Lavis (Italia)
Printed in Italy

ISBN 3-7723-**4027-7**

Vorwort

Nahezu jeder kann Opfer eines Lauschangriffes oder eines aktiven Zugriffs auf seine Kommunikationseinrichtungen werden, egal ob Privatperson, Firma oder Behörde. Dahinter steckt keineswegs immer ein undurchsichtiger Geheimdienst, sondern vielleicht nur ein gelangweilter Nachbar oder eine eifrige Konkurrenzfirma. Es ist nicht nur Neugier einiger Zeitgenossen, auch handfeste Interessen stecken hinter den elektronischen Attacken: Eifersüchtige Ehemänner, Racheaktionen gefeuerter Mitarbeiter oder Betrugsversuche, um nur einige zu nennen.

Dieses Buch zeigt die unterschiedlichsten Möglichkeiten von Lauschangriffen und Beschnüffelungen, stellt verschiedene Kommunikationsnetze vor und deckt zahlreiche technische Schwachstellen in technischen Einrichtungen auf. Es macht keinen Sinn, diese Fakten zum Tabu zu erklären. Nur wer alle Risiken kennt, kann sie einschätzen und vorbeugen. Manchmal ist das relativ einfach, in einigen Fällen unmöglich. Man sollte dennoch nicht dem Verfolgungswahn verfallen, sondern die Dinge relativieren. Kein Datenschützer kommt etwa auf die Idee, die große Zahl nicht mehr zurückgesendeter Bewerbungsunterlagen zu seinem Thema zu machen.

An dieser Stelle allerdings auch gleich eine Warnung an jene, die das Buch als Anleitung für eigene »Aktionen« verstehen könnten. Alle Informationen in diesem Buch werden ohne Rücksicht auf die geltende Rechtslage gegeben. Wer es dennoch nicht lassen kann, tut dies auf eigene Gefahr und eigenes Risiko! Viele technische Details wurden deswegen bewusst ungenau angegeben, manche sogar weggelassen. Unsachgemäße Eingriffe am öffentlichen Stromnetz sind stets mit Lebensgefahr verbunden!

So wünsche ich Ihnen viel Spaß beim Lesen dieses Buches, das ein Resultat jahrelanger Recherchen ist.

Dieter Görrisch
www.goerrisch.de

PS: Dieses Buch widme ich meiner Lebenspartnerin Anja, ohne deren Unterstützung meine Bücher nicht möglich wären

Inhalt

1 Lauschangriff in der eigenen Wohnung

1.1 Luftschall

Der klassische Weg eines Lauschangriffes bediente sich lange Zeit der Schallwellen. Unter Schallwellen versteht man Luftschwingungen, wie wir sie etwa beim Sprechen mit unseren Stimmbändern erzeugen. Fast immer geht man davon aus, daß unser gesprochenes Wort nur auf die richtigen Ohren trifft und der erzeugt Schall in den eigenen vier Wänden bleibt. Doch Schallwellen unterliegen den Gesetzen der Physik und gehen gelegentlich ganz andere Wege.....

Früher nutzte man Belüftungs- und Kaminrohre, um Gespräche in anderen Zimmern mitzuhören. Ein einfacher, aber immer noch funktionierender Trick ist das Bohren eines winzigen Loches in die Zimmerwand. Dadurch gelangen die Luftschallwellen hindurch und ein Mithören im Nebenzimmer wird auf einfachste Weise möglich. Nicht mal Elektronik ist dafür notwendig, denn ein ins Loch gesteckter Trichter sorgt für die notwendige Lautstärkeanhebung am anderen Ende. Die Weiterentwicklung war schließlich das elektrische Mikrophon. Damit sind wir auch schon bei der heute üblichen Abhörtechnik angelangt: Ein verstecktes Mikrophon im Gesprächsraum! Die Art der Weiterleitung der so gewonnenen Informationen ist dann vielfältig, mal über Funk mit einer Wanze, mal über vorab verlegte Kabel oder Telefonleitungen......

Der sicherlich größte Nachteil eines Mikrofones ist, daß es bereits vorher im observierten Raum installiert werden muß. Dennoch ist und bleibt dieses Verfahren das am häufigste eingesetzte, was schon die Absatzzahlen kommerziell angebotener Minisender zeigen. Einer der Hauptvorteile ist das geringe Entdeckungsrisiko des Lauschers, der ja hunderte Meter weit entfernt seiner Tätigkeit nachgehen kann. Selbst wenn Mikrofon oder Übertragungseinrichtungen gefunden werden, kann man nur erahnen, von wem man eigentlich belauscht wurde.

Auch festeingebaute Lautsprecher (Decken- oder Gerätelautsprecher) lassen sich durch einen einfachen Trick zum Mikrofon umfunktionieren. Ein kleiner

Lautsprecherübertrager sorgt für die Anpassung der unterschiedlichen Impedanzen von Verstärkereingang und Lautsprecher.

Abb 1.01: Auch Deckenlautsprecher lassen sich zum Abhörmikrofon umfunktionieren! Der Lautsprecherübertrager sollte sich dabei möglichst nahe am Verstärker befinden.

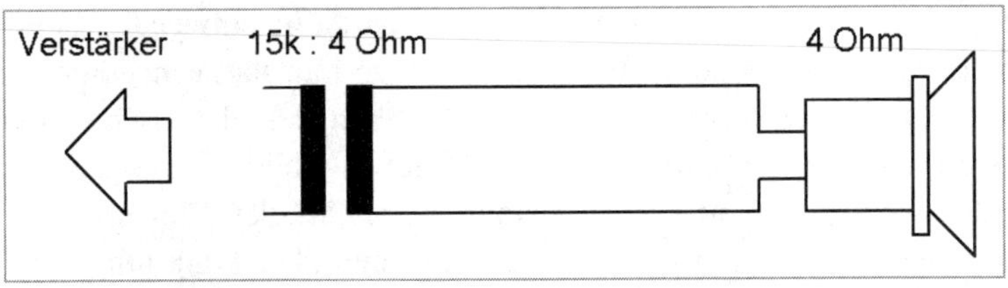

Abb 1.02

Körperschall

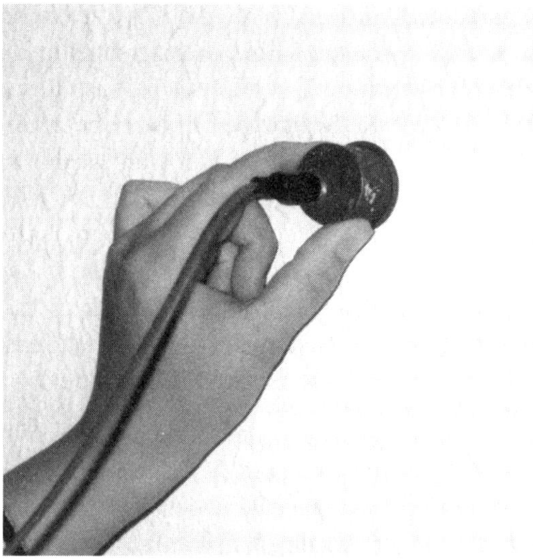

Abb 1.03: Körperschallmikrofon im Einsatz, auch sanitäre Einrichtungen werden hörbar...

Doch es gibt noch weitere Schalleffekte: Sog »Körperschall« kann entstehen, wenn Luftschwingungen auf feste Gegenstände, wie Wände oder Türen auftreffen. Auch wenn man es zunächst nicht glauben mag, beginnen selbst Betonwände (für unser Auge unsichtbar) unter dem Luftschalldruck mitzuschwingen und werden so zum Schallüberträger in benachbarte Räume. Wegen der großen Masse einer Gebäudewand müssen die winzigen Schwingungen aber erst einmal hörbar gemacht werden. Was liegt also näher, sich mit einem sog. Körperschallmikrofon ans Werk zu machen. Dabei handelt es sich um ein spezielles Mikrophon, das Masseschwingungen (ähnlich wie ein Seismograph) aufnehmen kann. Wird ein solcher Sensor an die Wand gedrückt, werden deren Körperschallschwingungen sofort im Kopfhörer des nachgeschalteten Verstärkers hörbar. Natürlich darf man keine Wunder erwarten, aber es ist schon beeindruckend, welche Geräuschkulissen in einem gewöhnlichen Wohnhaus auftreten. Das Zischen von einbetonierten Gas- und Wasserleitungen wird ebenso hörbar, wie Stimmen aus anderen Zimmern oder gar Wohnungen. Heizungsrohre oder Stahlbauteile sind besonders gute Körperschallüberträger und leiten Geräusche manchmal über mehrere Stockwerke weit. Gerade die heute üblichen dünnen Wohnungstrennwände scheinen für Körperschall-Lauschverfahren wie geschaffen!

Besonders gut schwingen auch Fensterglasscheiben unter dem Einfluß von Schallwellen mit. Klar, auch dieser Effekt wird von Profiabhörern genutzt. So sind im einschlägigen Handel entsprechende Abhörgeräte zu bekommen, die mit einem Infrarot-Laserstrahl arbeiten. Eine Fensterscheibe des abzuhörenden Raumes wird mit dem Gerät angestrahlt und ein Teil des Laserlichtes wird vom Glas wieder zurückreflektiert. Schwingt die Glasscheibe unter dem Einfluß des Luftschalles, wird auch der reflektierte Laserstrahl dadurch beeinflußt. Das Empfangsgerät kann aus dem reflektierten Laserstrahl wieder ein hörbares Sprachsignal erzeugen. Ein sehr elegantes Verfahren, sofern man für das menschliche Auge unsichtbares IR-Laserlicht verwendet. Der Abhörer kann dabei einige hundert Meter entfernt sein. Je schwerer die Scheiben, desto geringer ist übrigens das Abhörrisiko! Schwere Schallschutzfenster schonen also nicht nur unsere Nerven, sondern auch unsere Privatsphäre.

Aus diesen Beispielen kann man also grundsätzlich den Schluß ziehen, daß gewöhnliche Wohn- oder Büroräume keinesfalls Garanten für vertrauliche Gespräche sind. Profis wehren sich mit verschiedensten Methoden gegen solche Lauschangriffe, u.a. mit der Erzeugung künstlicher Geräuschkulissen im Fensterbereich, oder komplett abgeschirmten und körperschallsicheren (=gummigelagerten) Gesprächskabinen.

1.2 Richtmikrofone

Wer nun sein Heil unter freiem Himmel sucht, entgeht den vorgenannten Lauschverfahren natürlich, setzt sich aber anderen Gefahren aus. Richtmikrofone, die um ein vielfaches empfindlicher als unsere Ohren sind, können Gespräche von Passanten noch aus über hundert Metern belauschen. Bedingt durch ihre Richtwirkung, sind sie auch in der Lage, störende Nebengeräusche aus anderen Richtungen einfach auszublenden. Häufig handelt es sich bei den eingesetzten Mikrofonen um Parabolkonstruktionen, ein Prinzip, das von Satellitenempfangsantennen her bestens bekannt ist. Schon im zweiten Weltkrieg wurde mit solchen Mikrofonen die Position feindlicher Flugzeuge geortet, die in den Wolken flogen. Derartige Mikrofon-Konstruktionen werden heutzutage auch von Elektronik-Discountern für wenig Geld an experimentierfreudige Bastler verkauft, doch als Reflektor werden meist nur Plastikteller (aus irgendwelchen fernöstlichen Geschirr-Restposten) verwendet. Zwar haben auch diese eine gewisse Bündelungswirkung, von einem echten Parabol trennen ihn allerdings Welten und das Ergebnis ist entsprechend.

Abb 1.04: Laute Umgebungsgeräusche grenzen die Möglichkeiten von Richtmikrofonen deutlich ein

Einen spürbaren Sprung nach vorne hat die konventionelle Abhörtechnik durch das Auftauchen der Signalprozessoren bekommen. Diese als DSP (Digitaler Signal Prozessor) aus der Amateurfunkszene bekannten Gerätchen dienen dem Lauscher zum Ausfiltern störender Geräusche, egal ob es sich nun um Windgeräusche (beim Einsatz eines Parabolmikrofones), oder um die oben erwähnten Geräusche von Wasserleitungen (bei Verwendung eines Körperschallmikrofones) handelt. Durch ihre vielen Einstellmöglichkeiten und ihre kleine Baugröße können diese Filter universell eingesetzt werden. So können mit hochwirksamen Notchfiltern einzelne Störgeräusche inmitten des Geräuschspektrums beseitigt oder beliebige Filtercharakteristika zum Selektieren des Sprachbandes eingestellt werden. Insgesamt bieten diese Filter also Möglichkeiten, von denen man vor Jahren bestenfalls geträumt hatte.

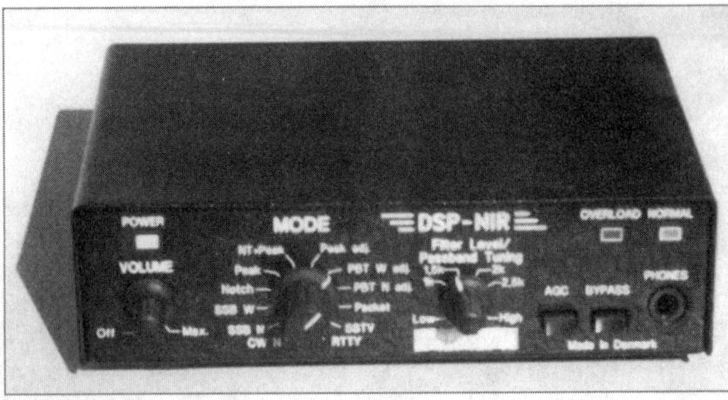

Abb 1.05: Audio-Universalfilter (hier ein »DSP-NIR« der Fa. Danmike) auf Basis digitaler Signalprozessoren eignen sich für zahllose Abhör-Anwendungen

1.3 Türsprechanlagen

Aus Kostengründen sind Haussprechanlagen relativ einfach aufgebaut. Nach Abheben des Hörers wird die Sprechstelle einfach an die Stammleitung der Türsprechstelle angeschaltet. Somit stehen die Audiosigale in jeder Wohnung zur Verfügung. Das läßt sich einfach testen: während eines laufenden Türgespräches eines Nachbarn den Hörer der eigenen Sprechstelle abnehmen, fertig ist die Dreierkonferenz (wegen des permanenten Mithörrisikos rüsten einige Hersteller ihre Sprechanlagen neuerdings mit einer sog. »Mithörsperrre« aus!).

Um die gemeinsame Sprechleitung anzuzapfen, genügt bereits ein einfacher Eingriff (Anschalten einer Klinkenbuchse an die Stammleitung) in irgendeine Haussprechstelle und schon können sämtliche Türgespräche komfortabel mitgehört und aufgezeichnet werden. Die modifizierte Sprechstelle ist auch nach diesem Umbau nutzbar, die Manipulation von den anderen Hausbewohnern praktisch nicht feststellbar!

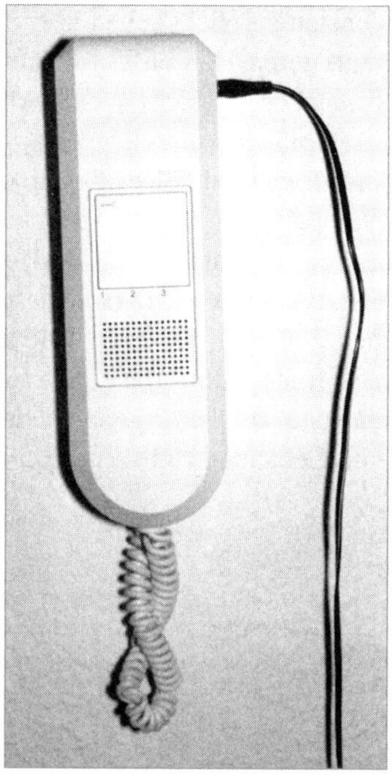

Abb 1.06: Die angezapfte Haussprechstelle erlaubt das Mithören und Aufzeichnen aller »Türgespräche« des Hauses

1.4 Netzsprechanlagen

Ein besonderes Risiko stellen Kommunikationseinrichungen innerhalb einer Wohnung dar, wie beispielsweise Netzsprechanlagen. Hierbei machen sich die Hersteller die sog. Trägerfrequenztechnik über Stromleitungen zunutze. Die beiden Gerätchen werden einfach an zwei beliebige Steckdosen innerhalb der Wohnung angeschlossen und schon kann man miteinander sprechen. Auch wenn man es den kleinen Plastikkästchen nicht ansieht, es handelt sich dabei um echte Langwellen-Funkgeräte! Sie geben ihr sprachmoduliertes Hochfrequenzsignal allerdings nicht auf eine Antenne, sondern koppeln es über Kondensatoren auf die Netzleitung ein. An beliebiger Stelle im Haus kann das Signale von der Stromleitung wieder ausgekoppelt werden. Problematisch wird es erst am Stromzähler, dessen Magnetspulen wie Sperrdrosseln wirken und eine Weiterleitung auf andere Stromkreise (und damit auf andere Haushalte) spürbar dämpfen. Aus verschiedenen technischen Gründen funktionieren diese Sprechanlagen unterschiedlich gut, denn die Ausbreitung der Langwellen auf den Netzleitungen geht recht unkontrolliert vonstatten. Nicht selten hört man in größeren Wohnanlagen auch fremde Stimmen, deren Herkunft sich kaum klären läßt. Für einen Lauscher ist das Abhören solcher Trägerfrequenzverfahren kein Problem. Ein einfacher Kommunikationsempfänger mit dem entsprechenden Wellenbereich bekommt als Antenne einen Meter Draht, der um sein eigenes Netzkabel herumgeschlungen wird. Jetzt koppelt das Gerät die Langwellen-Signale aus der Netzleitung aus und kann die FM (früher auch AM)-modulierten Träger empfangen. Die genauen Arbeitsfrequenzen der Geräte sind recht unterschiedlich, liegen aber immer zwischen 200 und 300 kHz. Mit dem Bereichssuchlauf am Empfänger läßt sich dieses Band komfortabel absuchen. Gelegentlich staunt man dann über die Reichweite solcher Sprechanlagen, möglicherweise sind sogar Gespräche aus anderen Gebäuden zu hören.

Abb 1.07: Netzsprechanlage sind preiswert und praktisch, bieten aber keinen Abhörschutz!

1.5 Babyphon

Produkte die sich zunehmender Verbreitung erfreuen sind drahtlose Baby-Überwachungsgeräte. So praktisch sie sein mögen, die Nebeneffekte sollten beachtet werden. Gelegentlich wird nämlich von den Benutzern vergessen, den Sender nach Gebrauch wieder auszuschalten, so daß man sich eine Wanze gewissermaßen selbst ins Zimmer legt. Meist arbeiten Geräte dieser Art auf dem CB-Kanal 19 und können problemlos mit einem handelsüblichen CB-Funkgerät oder einem Kommunikationsempfänger noch auf mehrere hundert Meter empfangen werden. Da Sprechanlagen und Babyphone ja über einen längeren Zeitraum genutzt werden, kann sich ein Lauscher gezielt darauf einrichten. Von jetzt an kann er den betroffenen Funkkanal dauerhaft abhören und aufzeichnen, keine Information geht ihm mehr verloren!

1.6 TEMPEST

Unter dieser Bezeichnung versteht man unerwünschte Abstrahlungen aus Computern und deren Monitore. Die Funksignale haben ihren Ursprung auf den Leiterplatten und Verbindungsleitungen der Computeranlage. Viele dieser Funksignale können den kompletten Bildinhalt des Computermonitors enthalten, der an einem anderen Ort nicht nur empfangen, sondern auf einem zweiten Monitor sogar wieder rekonstruiert werden kann. Fachleute sprechen in diesem Zusammenhang auch von »kompromittierender Strahlung«, einem äußerst unerwünschten Effekt!

Abb 1.08: TEMPEST-Effekt, ein unmodifizierter Fernseher gibt des Bild des darüberstehenden Laptops wieder

Kann also ein technisch versierter Wohnungsnachbar die Arbeit am PC mitverfolgen? Wie Versuche zeigten, ist der Empfang von kompromittierenden Abstrahlungen des eigenen PC´s im einfachsten Fall mit einem gewöhnlichen

Fernsehgerät möglich, denn ein ganz gewöhnlicher, tragbarer Fernsehempfänger hat sich bei Versuchen bereits auf die kompromittierende Strahlung eines Laptops abstimmen lassen. Im Bild sieht man den Empfang des Laptop-Monitorbildes mit einem tragbaren Fernseher. Das zeigt immerhin, wie einfach es funktionieren kann, aber nicht muss! Auch die Bildwiedergabe ist nicht gerade berauschend, aber durch einfache Modifikationen kann ein Fachmann die Elektronik des Fernsehers abändern. Dann werden die notwendigen Synchronimpulse (die ein Fernseher zum stabilen Bildaufbau benötigt, aber im empfangenen Computersignal nicht enthalten sind) über zwei zusätzliche Hilfsoszillatoren im Empfangsgerät selbst erzeugt.

In den achtziger Jahren wurden erste Fälle von TEMPEST-Spionage öffentlich bekannt. So wurden unauffällige Kleintransporter mit Empfangsgeräten in der Nähe von Industrieunternehmen geparkt. Mit Hilfe einer Richtantenne wurde die kompromittierende Ausstrahlung der dortigen Bürocomputer empfangen. Sogar wenn mehrere Computer gleichzeitig empfangen werden, können sich die Datenpiraten mit ihren Empfangseinrichtungen auf einen einzigen Computer aufsynchronisieren und dessen Bild wieder sichtbar machen. Für militärische und staatliche Dienststellen stellte sich alsbald die Frage, wie sie sich vor dieser Art Datenklau schützen können.

Die Abschirmung eines Computers ist äußerst kompliziert, breiten sich die verräterischen Signale nicht nur über direkte Abstrahlung, sondern auch über Netz-Zuleitungen oder in der Nähe befindliche Heizungsrohre als sog. Goubau-Wellen völlig unkontrolliert im Gebäude und der näheren Umgebung aus. Es gibt mittlerweile verschiedene Verfahren, wie man diese unkontrollierte Datenverbreitung zu verhindern versucht. Einerseits mit konsequenter Abschirmung des gesamten Arbeitsbereiches, einem teueren und sehr aufwendigem Unterfangen. Andererseits durch Verwendung besonders strahlungsarmer Spezial-Computer, die überhaupt keine Abstrahlungen mehr erzeugen. Besonders interessant scheint auch ein Störsender (»SecuDat 600«) zu sein, der in Computernähe eigene Signale erzeugt und damit einem potentiellen Datenpiraten das Sichtbarmachen der empfangenen Signale erschwert. Auf jeden Fall reichen einfache Entstörmaßnahmen, wie die Verwendung geschirmter Kabel oder Drosselspulen für eine Unterdrückung des unerwünschten Effektes nicht aus. Starke und impulsförmige Ströme auf den Computerleitungen erzeugen kräftige magnetische Feldkomponenten, deren Abschirmung besonders schwierig ist.

1.7 Telefonleitungen

Als recht kritisch sind Telefonleitungen anzusehen. Die Hauseinführungen der dicken Leitungsbündel finden sich heute nahezu ausnahmslos in den Kellerräumen, wo sich auch die Verteilerkästen zu den Wohnungen und Büros befinden. Bis vor wenigen Jahren waren diese Verteiler ohne jeglichen Zugangsschutz und so konnte man ungestört jede Leitung anzapfen. Mittlerweile hat man offenbar dazugelernt und die Endverzweiger wurden gegen geschlossene und abschließbare Versionen ausgetauscht. Einen Profi hält das sicher nicht ab und so sind diese Hausverteiler immer noch neuralgische Punkte, nirgendwo geht das Anzapfen einer analogen Telefonleitung so leicht wie hier! Die Möglichkeiten sind erschreckend: Mithören, aufzeichnen, Anschluß mitnutzen, eingehende Telefonnummern auswerten.....

Abb 1.09: Der automatisch arbeitende Telefonrekorder GA-888 zeichnet alle Telefongespräche auf!

Das Gerät mit dem Aussehen eines normalen Kassettenrekorders besitzt eine Western-Telefonbuchse auf seiner Rückseite. Für einen Abhöreinsatz wird diese Buchse mit der abzuhörenden, zweiadrigen Telefonleitung verbunden, das notwendige Kabel gehört zum Lieferumfang. Ist die Verbindung zwischen Rekorder und Telefonleitung hergestellt, muß noch für die Stromversorgung des Gerätchens gesorgt werden. Es lassen sich wahlweise 4 Mignonzellen an der Unterseite ins Batteriefach einlegen oder man schließt einfach das mitgelieferte

Steckernetzteil an, je nach Einsatz. Wie Versuche ergaben, versorgen die Batterien den Rekorder höchstens für einige Tage, was für viele Anwendungsfälle allerdings ausreichen dürfte. Schließlich hat auch die mitgelieferte C-60 Kompaktkassette keine endlose Aufzeichnungskapazität! Sind nun alle erwähnten Arbeiten erledigt, ist das Gerät betriebsbereit. Wie ein gewöhnlicher Kasettenrekorder kann es auf »Aufnahme« geschaltet werden und versieht jetzt auch ohne weiteres Zutun seinen Dienst.

Jetzt liegt der GA-888 auf der Lauer und zeichnet auf, sobald es zu einer Verbindung auf der »angezapften« Leitung kommt. Dabei werden offenbar die verschiedenen Spannungspegel der Leitung erkannt und ausgewertet, die genaue Arbeitsweise ist in der Bedienungsanleitung nicht erläutert. Eine unbenutzte Telefonleitung hat nämlich einen Spannungspegel von etwa 60 Volt Gleichspannung zwischen den beiden Adern, wird die Leitung belegt (d.h. das angeschlossene Telefon abgehoben und der Sprechkreis geschlossen), bricht diese Spannung auf nur wenige Volt ein. Das Testgerät arbeitet sehr zuverlässig, auch im Batteriebetrieb. Im Standby-Betrieb verbraucht der Rekorder dabei gerade mal 5 mA an Strom, wesentlich mehr wird's dann bei der Aufzeichnung. Hier werden über 130 mA verbraucht! Die per Schalter reduzierbare Aufzeichnungsgeschwindigkeit mag zwar die maximale Aufzeichnungsdauer verdoppeln, reduziert aber den Stromverbrauch nicht wesentlich. Fazit: Wird auf der Leitung viel gesprochen, verbrauchen sich auch die Batterien des Rekorders schneller! Neben dem Gespräch werden natürlich auch anderen Dinge mit aufgezeichnet, wie beispielsweise DTMF-Töne zur Anwahl oder zum Abfragen eines Anrufbeantworters. Diese lassen sich mit speziellen Dekodern später problemlos dekodieren. Ist das Bandende erreicht, schaltet sich der Rekorder automatisch ab und alle Tasten springen heraus. Wer etwas mehr Geld investiert, bekommt mittlerweile auch digital arbeitende Aufzeichnungsgeräte mit einer Aufzeichnungszeit von bis zu 70 Stunden!

Auch für ISDN-Leitungen und deren spezielles Protokoll stehen derartige Aufzeichnungsgeräte zur Verfügung. Da die Gespräche hier digitalisiert und als Bitfolgen übertragen werden, funktioniert die einfache analoge Aufzeichnung nicht. Ein vorgeschalteter »Wandler« dekodiert den Bitstrom, der danach wieder als analoges Audiosignal zur Verfügung steht. Da ein ISDN-Kanal zwei gleichzeitig nutzbare Gesprächskanäle zur Verfügung stellt, sind zum Abhören zwei ISDN-Wandler und dementsprechend auch zwei Rekorder erforderlich!

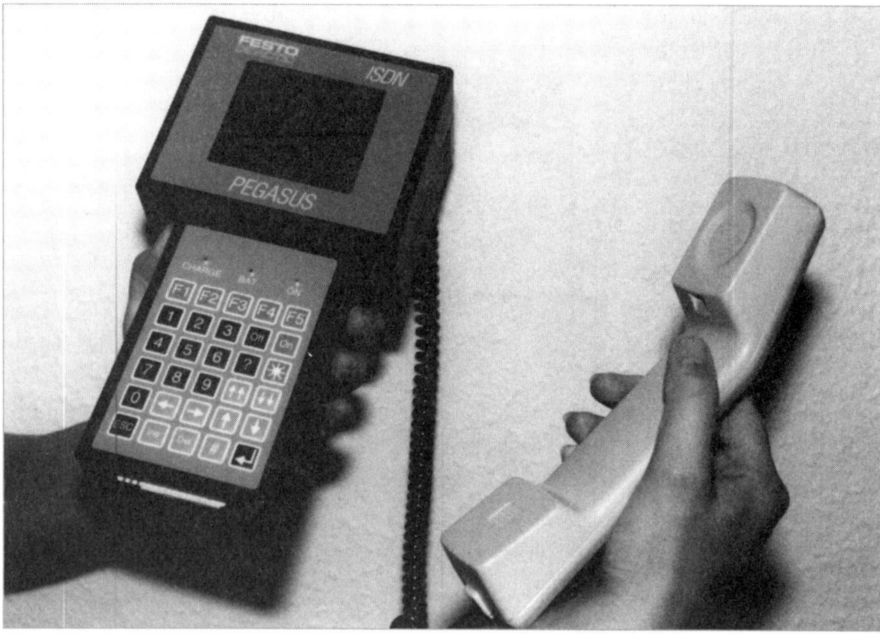

Abb 1.10: Mit handelsüblichen ISDN-Protokolltestern lassen sich auch digitale Telefonleitungen abhören

1.8 CLIP für Lauscher

Seit der Einführung des Dienstemerkmales »Clip«, das bereits vor dem Läuten die Rufnummer des Anrufenden übermittelt (falls das nicht vom Anrufer unterdrückt ist!), besteht noch eine weitere Lauschmöglichkeit an analogen Telefonleitungen. Rufnummernmonitore (z.B. »CallBoy«) sollen eigentlich ältere Telefonapparate ergänzen und zeigen die Nummer des Anrufenden direkt an. Darüber hinaus speichern sie diese samt Uhrzeit und Datum, schon preiswerte und einfache Geräte zeichnen über 50 Nummern auf. Die Geräte sind recht klein und eignen sich vorzüglich für die Überwachung von Telefonleitungen, denn alle Anrufe samt Nummer und Uhrzeit werden geloggt. Schließt man diesen Monitor direkt an eine analoge Telefonleitung am Hausverteiler an, wird die betreffende Leitung rund um die Uhr ohne Wissen seines Besitzers überwacht. Da das Gerät eine autonome Stromversorgung besitzt, kann es über einen Zeitraum von mehreren Monaten arbeiten.

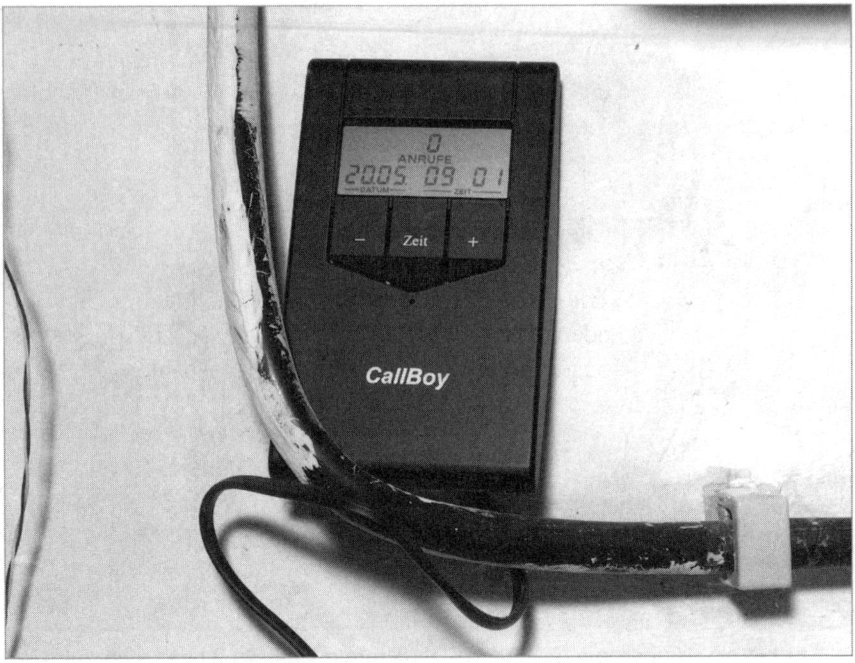

Abb 1.11: Sehr einfache Ausführung eines CLIP-Monitors, auf dem Markt werden derzeit zahlreiche Varianten dieser Geräte angeboten.

1.9 FAX-Verbindungen

Etwas schwieriger ist es mit FAX-Verbindungen (Analogfax, Gruppe-3) über analoge Telefonleitungen. Der Dialog einer FAX-Verbindung zwischen zwei Geräten gliedert sich in mehrere Phasen, ein Mitschreiben ist durch bloßes Parallelschalten einer dritten FAX-Maschine nicht möglich. Dafür werden PC-Programme eingesetzt, die als Protokolltester eigentlich zur Entwicklung und Störungsbehebung entwickelt wurden. Ein weitverbreitetes Programm ist beispielsweise »FaxProbe«, das ein Anzapfen und Mitprotokollieren einer FAX-Verbindung problemlos ermöglicht.

1.10 Radar-Bewegungsmelder geht durch Wände

Auch andere Geräte moderner Hauselektronik lassen sich zur Beschnüffelung verwenden. Beispielsweise Radar-Bewegungsmelder! Diese arbeiten millionenfach als Türöffner in Banken und Supermärkten und stellen die professionelle

Alternative zu PIR-Bewegungsmeldern dar. Die Radarwellen von 9,81 GHz haben recht interessante Eigenschaften, sie durchdringen Materialien wie Glas, Holz und sogar Wohnungstrennwände. Daher sind Radar-Türöffner in Banken und Supermärkten auch immer im Innenraum montiert und wirken durch die Glastüren! Weniger bekannt ist, dass sich mit diesen Geräten auch Personen in deren eigenen Wohnungen unbemerkt überwachen lassen. Der Radar-Bewegungsmelder wird dazu direkt an der Wohnungstrennwand aufstellt und überwacht das Zimmer in der Nachbarwohnung! Personenbewegungen im beobachteten Raum werden zuverlässig und unsichtbar erkannt. Das funktioniert freilich nicht bei Stahlbetonwänden, dafür bei dünnen Trennwänden aus Holz, Rigips oder Porenbeton ganz ausgezeichnet. In heutigen Industriebauten sind solche Materialien Standard!

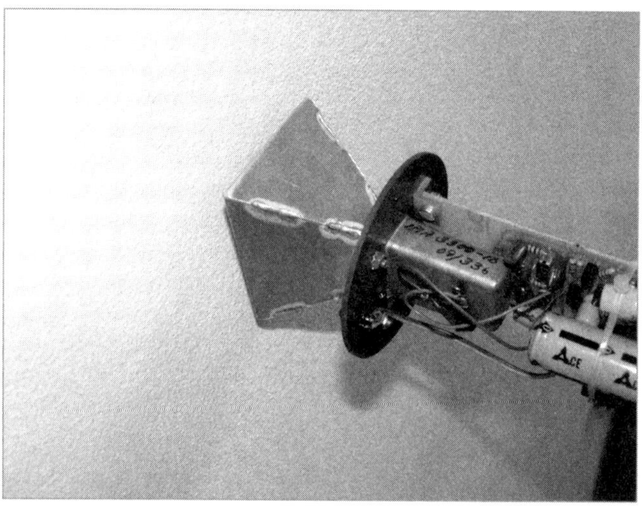

Abb 1.12: Ein handelsüblicher Radar-Bewegungsmelder (direkt auf eine Wohnungstrennwand aufgesetzt) überwacht ein Zimmer in der benachbarten Wohnung

2 Telefon, Fax und Handy

Die Risiken von Netzwerken wurden in den letzten Jahren hinlänglich bekannt. Ist ein Rechner in irgendeiner Weise vernetzt (Intranet / Internet) sind unkontrollierte Zugriffe, Manipulationen und Datenklau möglich. Vergessen wird in diesem Zusammenhang aber, dass auch unser Telefonsystem so ein Netzwerk ist! Und auch in dessen Endgeräten arbeiten Mikroprozessoren mit (uns) unbekannter Software! Das beginnt bereits mit einem gewöhnlichen Telefon, führt über Kombifaxgeräte und endet mit komplexen Telefonanlagen, wie sie bereits in Privathaushalten häufig zu finden sind. Liegen hier also ebenfalls Risiken?

2.1 Telefonnetz als 24Stunden-Risiko

Ein einfaches analoges Telefon kann noch als relativ harmlos bezeichnet werden. Die angewandte Technik ist Standard und besteht aus millionenfach eingesetzten Standardchips aus Fernost. Doch bereits mit jeder Komfortfunktion steigt das Risiko eines manipulativen Eingriffes von außen! Bereits mit einfachen ISDN-Telefonen wurde erfolgreich Wirtschaftsspionage betrieben. Während einer wichtigen Besprechung nahm das ISDN-Telefon einen Anruf ohne Läuten automatisch an und schaltete direkt auf die Freisprechfunktion. Die gesamte Besprechung wurde mitgehört, der perfekte Datenklau! Auch mit »zufällig liegengelassenen« Handys funktionierte dieser Trick. Bereits hier wird sichtbar, wie risikobehaftet unser Telefonnetz eigentlich ist.

In Privathaushalten haben wir es hauptsächlich mit Anrufbeantwortern und Faxgeräten verschiedenster Varianten zu tun, oft auch mit komplexen Kombigeräten. Erschwerend für die Benutzer kommt hinzu, dass die beiliegenden Bedienungsanleitungen nicht gelesen oder verstanden werden. Auch werden zahlreiche Geräte nur noch mit einem »Quick start« -Heftchen ausgeliefert, die eigentliche Bedienungsanleitung befindet sich als Datenfile auf einer CD und wird kaum beachtet.

2.2 Anrufbeantworter

Anrufbeantworter stellen seit vielen Jahren beliebte Lauschangriffsziele dar. Die Bequemlichkeit ihrer Eigentümer macht sie zur leichten Beute. Um einen Anrufbeantorter abzuhören, wird üblicherweise eine vierstellige Ziffer über die DTMF-Tastatur eingegeben, danach stehen alle Fernsteuerfunktionen uneingeschränkt zur Verfügung. Um dem Käufer einen schnellen Einstieg zu ermöglichen, ist als Zugangscode ein Standardwert eingestellt. Dieser lautet bei vielen Herstellern etwa »0000« und sollte bei der ersten Inbetriebnahme verändert werden. Da die meisten Käufer diesem Hinweis keine Beachtung schenken, bleibt dieser Code bei zahlreichen Anlagen ein Geräteleben lang eingestellt.

Abb 2.01: Bei diesem Telefon mit integriertem, digitalem Anrufbeantworter ist der Zugangscode ab Werk »0000«.

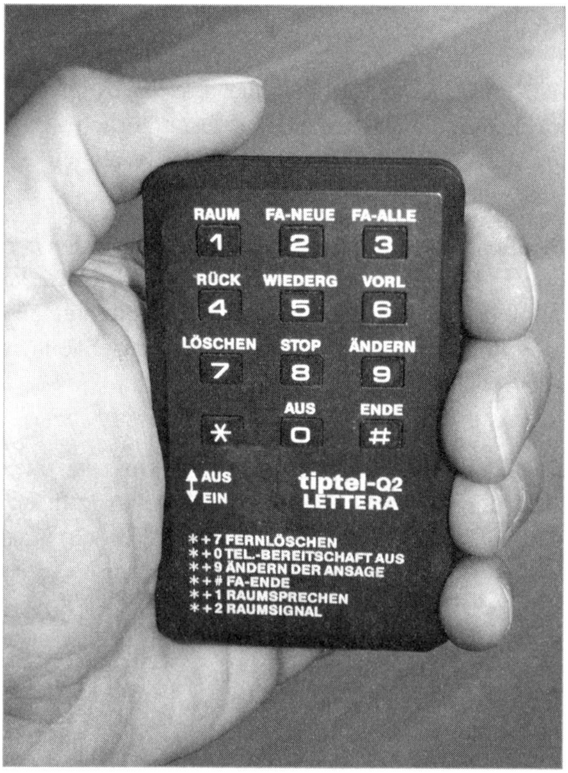

Abb 2.02: Mit den genormten DTMF-Tönen lassen sich nahezu alle Anrufbeantworter fernsteuern, die erforderlichen Kommandosequenzen sind allerdings unterschiedlich

Ein Telefon mit integriertem Anrufbeantworter zeigt bei eingehenden Tests ein besonders interessantes Verhalten. Auch wenn die Anrufbeantworterfunktion abgeschaltet ist, hebt das Telefon nach dem 20. Klingelruf ab! Wurde also o.g. Standard-Zugangscode nicht geändert, können sogar bei deaktivierter AB-Funktion alle Funktionen von Fremden ferngesteuert werden. Besonders interessant, die fernaktivierbare Funktion »Raumüberwachung«. Damit wird das hochempfindliche Mikrofon der Freisprechfunktion aktiviert!

2.3 Faxfernabfrage, Trojaner fest eingebaut

Faxgeräte nach dem G3-Faxübertragungsstandard lösten in den 80er Jahren die bewährten und weitgehend manipulationssicheren Fernschreiber (TELEX) endgültig ab. Sie arbeiten im Gegensatz zu Fernschreibern über das öffentliche

Telefonnetz und können damit an jede Telefondose angeschaltet werden. Eigentlich sollte der G3-Standard längst vom digitalen G4-Protokoll abgelöst sein, doch E-Mail und Internet verhinderten dessen erfolgreiche Vermarktung. Dennoch entwickelt sich die Gerätetechnik selbst natürlich weiter und so warten heutige (Speicher-)Faxgeräte zwar noch mit einem veralteten G3-Standard, aber einer Menge neuer Funktionalitäten auf.

Mit der Digitaltechnik wurde etwa das elektronische Speichern empfangener Dokumente möglich. Faxempfang funktioniert so auch ohne Papier, die Seiten können später ausgedruckt und optional an Dritte weitergeleitet werden. Sogar der zeitgesteuerter Versand eines Dokumentes an ganze Teilnehmergruppen ist möglich. Schließlich wären da noch die Fernabfragefunktionen, die ein enormes Sicherheitsrisiko darstellen!

Die Möglichkeiten der Fernabfrage am Faxgerät sind den meisten Benutzern völlig unbekannt, während genau diese Funktion bei Anrufbeantwortern häufig genutzt wird. Mit der Fernabfrage seines Faxgerätes möchte man dem Besitzer die

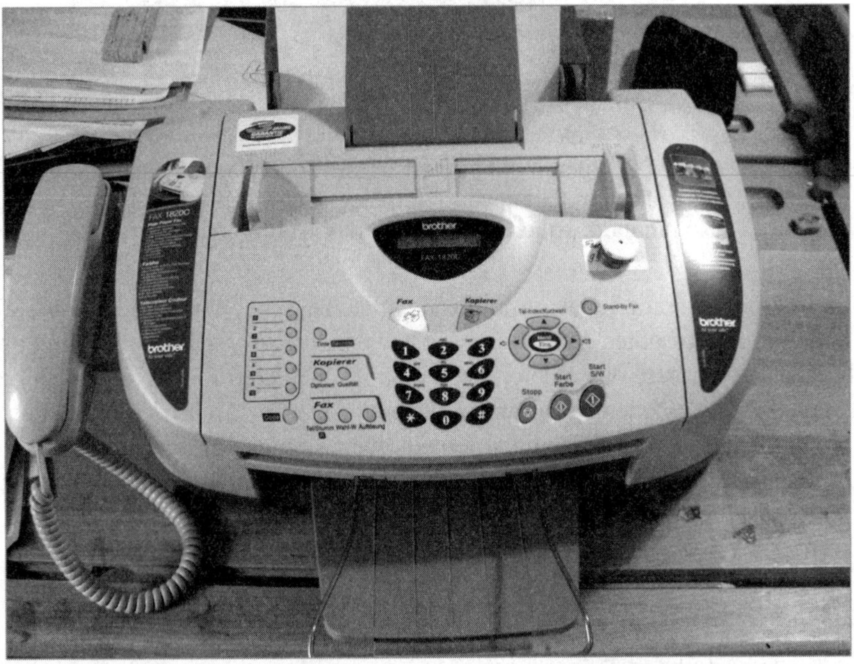

Abb 2.03: Achtung, die Faxweiterleitung ist hier ab Werk aktiviert!

Statusabfrage und das Weiterleiten eingegangener Faxe auf beliebige Telefonanschlüsse ermöglichen. Somit kann man sich während seiner Abwesenheit eingegangene Fax-Dokumente an eine andere Filiale oder seinen Urlaubsort »nachschicken« lassen und das funktioniert so:

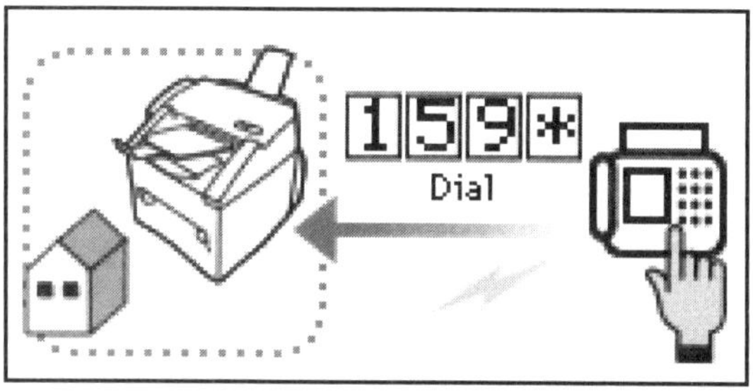

Abb 2.04: Häufig werden Bedienungsanleitungen und ggf. voraktivierte Codes im Internet veröffentlicht, ideal zur Vorbereitung eines Lauschangriffs

Mit einem gewöhnlichen Telefon die eigene Fax-Nummer anrufen und Signalton abwarten, danach mit der DTMF-Tastatur des Telefons den Zugangscode eingeben. Bei korrekter Anmeldung unterbricht das Faxgerät sofort die Übertragungsprozedur und sendet entsprechende Quittungstöne. Jetzt werden über die DTMF-Tastatur die gewünschten Kommandos und die Telefonnummer für die Faxweiterleitung eingetippt. Das war alles und man beendet die Verbindung wieder! Von diesem Moment an werden empfangene Faxsendungen unmittelbar danach an die vorgegebene Telefonnummer weitergeleitet. »Fax-Forwarding« heißt dieses praktische Feature, das nicht nur dem Besitzer allerlei Möglichkeiten eröffnet…

Vorstellbar wäre damit folgendes Szenario: Während des Betriebsurlaubes schließt ein kleineres Unternehmen seinen Geschäftsbetrieb. Der Konkurrent wählt am ersten Urlaubstag die Faxnummer des Unternehmens an und aktiviert eine Fax-Weiterleitung auf sein eigenes Faxgerät. Alle eingehenden Anfragen und Angebotswünsche werden somit zu ihm weitergeleitet und bearbeitet. Am letzten Urlaubstag deaktiviert er die Faxweiterleitung wieder. Mit etwas Glück wird die Manipulation nicht einmal bemerkt und der Konkurrenzunternehmer kann sich über Aufträge und neue Kunden freuen. Selbst wenn die Sache auffliegt, muss dem Konkurrenten ein Vorsatz erst einmal bewiesen werden!

Wie einfach die Hersteller die missbräuchliche Benutzung ihrer Faxgeräte machen, zeigten einige Tests. Ein bekannter Hersteller hat die Fernabfrage einiger Gerätetypen nicht nur ab Werk voraktiviert, sondern benutzt sogar immer den gleichen 3stelligen Zugangscode. Dieser ist dann auch noch im Internet veröffentlicht! Doch es gibt auch sicherheitsbewußtere Geräte, hier ist die Fernabfrage ab Werk gesperrt und muss vom Benutzer erst einmal im Menü freigegeben werden. Ist das allerdings passiert, sind auch diese Geräte vor unbefugten Zugriffen nicht mehr sicher.

Besondere Vorsicht ist auch geboten, wenn Faxgeräte von Kundendiensten regelmäßig betreut werden. Um Wege zu sparen, aktivieren viele Servicefirmen die Ferwartungsfunktionen ohne Wissen des Kunden und programmieren wegen der Vielzahl der betreuten Geräte immer den gleichen Zugangscode ein! Wenn der Servicevertrag ausläuft, werden diese Einstellungen selten geändert. Das betrifft keineswegs nur Faxgeräte, sondern auch Server, Kopierer und Drucker. So haben professionelle Bürogeräte sogar einen eigenen Telefonanschluss, ermöglichen die komplette Fernwartung und bestellen selbständig per Fax eine neue Tonerkartusche!

2.4 Telefonanlagen

Fernwartungsfunktionen sind auch bei Telefonanlagen zum Standard geworden. So können Hersteller und Wartungsfirmen deren Einstellung kontrollieren und Fehler erkennen, ohne vor Ort zu sein. Das Vorgehen ist je nach Hersteller und Typ der Telefonanlage unterschiedlich. Meist wird dazu eine bestimmte Nebenstelle angewählt, das integrierte Datenmodem der Anlage ermöglicht nach Eingabe des Passwortes dann einen Datenaustausch: Grundkonfiguration, aktivierte Weiterleitungen und sogar gespeicherte Verbindungsdaten können problemlos abgefragt und ggf. verändert werden. Eigentlich eine praktische Sache, doch ebenfalls nicht ohne Risiko. Denn auch findige Hacker haben sich dieses Themas angenommen und versuchen (meist übers Wochenende) über den Wartungszugang die Telefonanlagen für ihre Zwecke zu manipulieren. So lassen sich beispielsweise Gesprächsumleitungen zu den eigenen Bekannten programmieren. Ruft man danach bei Mitarbeiter Mayer auf Nebenstelle -324 an, klingelt eben nicht dessen Telefon am leeren Schreibtisch, sondern man wird zum Bekannten nach Brasilien durchgereicht, dessen Nummer man vorher als Gesprächsumleitung einprogrammiert hat. Die Kosten für den weitergeleiteten Anruf zahlt natürlich der Inhaber der Telefonanlage! Sind alle Anrufe erledigt, werden die Umleitungen wieder deaktiviert und alles funktioniert wieder wie vorher. Auf diese Weise sind manchen Firmen bereits Rechnungen von mehreren tausend Euro aufgelaufen, die Täter konnten nie ermittelt werden. Nötig ist für solche Modifikationen lediglich ein Computer samt Modem!

2.5 Phreaking, ein Hobby für Sparfüchse

Nicht nur private sondern auch öffentliche Knotenvermittlungen sind vor den Telefonpiraten nicht sicher. Dazu zunächst einige telefontechnische Grundlagen: Eine automatische Vermittlungsstelle macht eigentlich nichts anderes als das Fräulein vom Amt vor 100 Jahren. Sie registriert unseren Gesprächswunsch, nimmt die gewählte Rufnummer entgegen und versucht, zum gewünschten Telefonteilnehmer eine Verbindung durchzuschalten. Innerhalb eines Ortsnetzes ist dies relativ einfach, etwas komplizierter wird es da bei Weitverbindungen. Hier stehen den Vermittlungsstellen ganze Leitungsbündel (sog. Trunks) zum nächsten Knoten zur Verfügung. Steht also beispielsweise ein Gesprächswunsch in ein anderes Land an, sucht die Fernvermittlungsstelle (FVst) aus diesem Leitungsbündel eine freie Leitung heraus und nutzt sie für die Dauer dieser Verbindung. Von dort aus geht es dann weiter zur Ortsvermittlungsstelle des gerufenen Teilnehmers, von hier wird schließlich der direkte Kontakt zum gerufenen Teilnehmer hergestellt. Ist dieses Gespräch zu Ende, wird die Leitung wieder getrennt und steht anderen Benutzern zur Verfügung. Um all diese Dienste zu leisten, ist also eine Art »gesprächsbegleitende« Kommunikation zwischen beiden beteiligten Fernvermittlungsstellen erforderlich. Wer bei Auslands-Ferngesprächen mal genauer hinhört, wird oft unterschiedlichste Töne, Pfeifen und Klicken wahrnehmen, ehe er seinen Gesprächspartner zu hören bekommt. Im Fachjargon bezeichnet man diese automatischen Aktionen der Vermittlungsstellen auch als »Signalisierung«, die ihre größte Aktivität vor (Verbindungsaufbau) und nach (Verbindungsabbau) dem eigentlichen Gespräch entfaltet. Natürlich gibt es hier internationale Standardisierungen der CCITT (internationales Normungsgremium) zur Festlegung dieser wichtigen Steuercodes, ohne die kein internationales Telefonggespräch zustande käme. Innerhalb Deutschlands werden diese Signalisierungsdaten auf eigenen Leitungen nach dem modernen CCITT 7-Protokoll zu den Vermittlungsstellen übertragen. Dieses Verfahren funktioniert sehr zuverlässig und gilt als manipulationssicher. Viele Länder nutzen aber noch einfachere Verfahren, wie den älteren CCITT 5 Standard! Dieser verwendet keine eigenen Leitungen zur gesprächsbegleitenden Signalisierung, sondern sendet alle Informationen als genormte »InBand«-Tonsignale (siehe Tabelle) auf der Sprechleitung. Vor allem die Länder der dritten Welt scheinen mit dieser Technik offenbar noch reichhaltig ausgestattet. Bei Gesprächen aus Deutschland in diese Länder sorgen spezielle Umsetzer für die notwendigen Normenanpassungen der unterschiedlichen Systeme CCITT 7 <-> CCITT 5. Soviel zur Theorie!

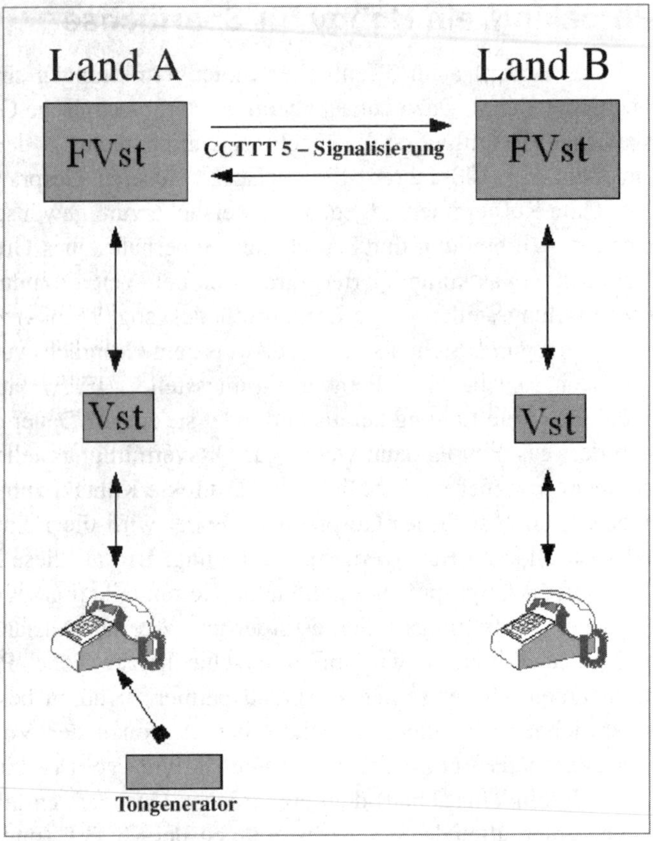

Abb 2.05: Über einen Tongenerator werden jene Steuertöne eingespielt, mit denen eigentlich die beiden Vermittlungstellen kommunizieren!

Bereits kurz nach Einführung der automatischen Vermittlungssysteme in den 50er und 60er Jahren kamen einige Bastler auf die Idee, jene CCIT 5-Steuersignale der Fernvermittlungsstellen selbst zu erzeugen, um so kostenlos zu telefonieren. In kleine Kästchen bauten sie die dazu notwendigen Tongeneratoren ein, die je nach Einsatzzweck Namen wie »green box« oder »blue box« erhielten. Häufig wurden diese Eigenbauten zur Tarnung in die nur zündholzschachtelgrossen Fernabfragesender von Anrufbeantwortern eingebaut. Derartige Manipulationen waren zunächst allerdings auf Länder beschränkt, die mit dieser Technik arbeiteten.

Auch von Deutschland aus scheinen nun derartige Manipulationen problemlos möglich: die kostenlosen »0800«-Nummern, die oft zu Telefonzentralen ins

Ausland umgeleitet sind, scheinen diese zu ermöglichen. Unter Verwendung dieser Weiterleitungen kann also schon mal eine kostenlose Verbindung in ein Land mit CCITT5-Vermittlungstechnik aufgebaut werden.

Ein kostenloses Telefonat könnte also folgendermaßen ablaufen: Ein Phreaker ruft die gebührenfreie 0800-Nummer einer Firma an und wird mit deren Telefonzentrale nach Indien weiterverbunden. Somit ist er bereits ins indische Telefonnetz (das mit CCITT5-Technik arbeitet) durchgeschaltet. Nachdem das angerufene Telefon in Indien abgehoben wurde, setzt der Phreaker seinen Tonerzeuger (Kassettenrekorder oder PC-Programm) in Betrieb: mit einer kurzen Tonkombination von 2600 und 2400 Hz signalisiert er dem indischen Vermittlungsknoten: Trunk freimachen, daraufhin fliegt der indische Gesprächspartner am anderen Ende umgehend aus der Leitung! Mit einem weiteren 2400 Hz Ton besetzt er die gleiche Leitung wieder, anschließend leitet er mit einer weiteren Tonfolge einen neuen Verbindungsaufbau ein: mit der Tonfolge KP2 + neue Telefonnummer und ST wird der indischen Vermittlung ein neuer Verbindungswunsch mitgeteilt, den sie umgehend ausführt. Was sich hier kompliziert anhört, läuft in Sekundenschnelle ab. Unser Phreaker wird nun vom indischen Vermittlungsknoten wunschgemäß mit seinem neuen Gesprächspartner (der sich übrigens nicht in Indien, sondern in jedem beliebigen Land der Welt befinden kann!) verbunden. Kosten für dieses Gespäch entstehen ihm nicht, da die Gebühren für die Fernverbindung beim Besitzer der 0800-Nummer auflaufen! Somit kann unser Phreaker sogar seine Freundin in der benachbarten Ortschaft (über Indien) umsonst anrufen. Damit die ganze Angelegenheit komfortabel ausgeführt wird, werden im Internet eine ganze Reihe von PC-Programmen angeboten, die den Phreakern die Erzeugung der erforderlichen CCITT5-Steuercodes erleichtern (weitverbreitet ist das Programm »Blue Beep«). Je nach Telefongesellschaft und Land scheinen allerdings recht unterschiedliche Tonlängen erforderlich zu sein, so dass ein Phreaker schon reichlich probieren muss, ehe er zum Ziel kommt. Ausgestattet mit Länderlisten und Erfahrungsberichten anderer Phreaker aus dem Internet, relativiert sich der Aufwand allerdings wieder.

Die rechtliche Situation solcher Aktionen war lange Zeit unklar, mittlerweile geht man vom Tatbestand des Betruges aus. Zudem ist das Problem auch noch länderübergreifend und die meisten Schäden werden erst gar nicht entdeckt bzw. von den betroffenen Gesellschaften nichtsahnend bezahlt. Da den Telefongesellschaften diese Manipulationsversuche bekannt sind, werden vielfach auch elektronische Gegenmassnahmen getroffen. »Fraud-Detektoren« sollen ins Telefon eingespielte CCITT5-Steuersequenzen erkennen und ausfiltern. Auch mit steilflankigen Tonfiltern wurde experimentiert, die das Einspielen über einen Telefonanschluss verhindern sollen. Generell ist das Problem aber durch das InBand-

Verfahren selbst bedingt, da alle genutzten Steuersequenzen international genormt sind und über die gesamte Übertragungsstrecke wirken können.

Die CCITT-5 Steuercodes bestehen aus zwei gleichzeitig erzeugten Tönen, ähnlich wie DTMF-Tonkombinationen zum Steuern des heimischen Anrufbeantworters. Allerdings werden andere Frequenzkombinationen verwendet.

Ziffer	*Tonkombination*
1	700 und 900 Hz
2	700 und 1100 Hz
3	900 und 1100 Hz
4	700 und 1300 Hz
5	900 und 1300 Hz
6	1100 und 1300 Hz
7	700 und 1500 Hz
8	900 und 1500 Hz
9	1100 und 1500 Hz
0	1300 und 1500 Hz
KB1	1100 und 1700 Hz (national call)
KB2	1300 und 1700 Hz (international call)
ST	1500 und 1700 Hz (Wählstart)
ClrForwd	2600 und 2400 Hz (Trunk freimachen)
Seize	2400 Hz (Trunk erneut besetzen)

Mit der Einführung digitaler Vermittlungssysteme werden einzelne Telefonteilnehmer grundsätzlich stärker überwacht. Weicht man vom üblichen »Telefonierverhalten« deutlich ab, wird der Telefonanschluss automatisch gesperrt. Unmengen erfolgloser Anrufversuche, Einspielen o.g. Steuertöne oder Dauergespräche über mehrere Tage deuten auf Mißbrauch hin und führen schnell zu unangenehmen Rückfragen der Telefongesellschaften. Dennoch kann man davon ausgehen, dass Manipulationen im internationalen Telefonnetz bis heute nicht vollständig verhindert werden können. Mit der Einführung des Telefonierens über Internet (VoIP) dürfte das Thema wieder neu aufleben!

2.6 GSM-Handynetze

Bei unseren Funktelefonnetzen nach dem GSM-Standard haben wir es bereits mit komplexen Datennetzen zu tun. Kaum einer, der sein liebgewordenes Handy benutzt, kennt die datentechnischen Vorgänge. Bereits beim Einschalten melden wir uns im Netz an, das Handy selbst aktualisiert schließlich zyklisch seinen

Aufenthaltsort (sog. Location update). Für die Netzbetreiber war es seit jeher möglich, Nummer und Ort der Funkzelle festzustellen, in der sich ein Teilnehmer gerade befindet. Damit waren Rückschlüsse auf den Aufenthaltsort seines Benutzers möglich, unabhängig davon, ob dieser gerade telefoniert oder nicht! Die Netzbetreiber interessierte das aber gar nicht, ggf. durchgeführte Messungen zielten vielmehr darauf ab, die Auslastung in den Funkzellen festzustellen. So konnten die Funknetze immer weiter optimiert und an den Kundenbedarf angepasst werden. Das änderte sich schlagartig, als die Behörden von dieser Möglichkeit erfuhren. Nachdem die entsprechenden Gesetze zur Aufweichung des Fernmeldegeheimnisses erlassen waren, wurden die Knotenvermittlungsstellen (MSC) aller Netzbetreiber mit der neuen Technik erweitert. Diese ermöglicht den direkten Fernzugriff auf den Vermittlungsrechner eines Netzbereiches mit allen Möglichkeiten, wie beispielweise:

- Abhören eines Handygespräches
- Überwachung von Handyverbindungen
- Abfrage von Verbindungsdaten
- Ermittlung der eingebuchten Funkzelle

Werden nutzerspezifische Daten über einen längeren Zeitraum gespeichert, sind darüber hinaus noch weitere Erkenntnisse möglich. So lassen sich aus den Einbuchungsdaten sogar Bewegungsprofile eines Handybenutzers über einen längeren Zeitraum erstellen. Doch das Verfahren hat noch seine Schwächen, so muß die Telefonnummer der überwachten Person bekannt sein. Steckt eine gestohlene SIM-Karte im überwachten Handy, arbeitet es unter einer anderen Telefonnummer! Eine gezielte Überwachung ist dann unmöglich. Auch mit der Handyortung ist es nicht so einfach, wie immer wieder berichtet wird. Dem Funksystem ist zwar die eingebuchte Funkzelle und damit der grobe Aufenthaltsort des (eingeschalteten) Handys zwar stets bekannt, dessen genaue Ortung ist aber dennoch nicht ganz einfach. Gerade auf dem flachen Lande werden oft ganze Landstriche mit einer einzigen Basisstation versorgt, eine genauere Eingrenzung des Aufenthaltsortes eines Handys ist kaum möglich! Am besten funktioniert das Verfahren noch in größeren Städten mit kleinzelligem Mobilfunknetz, hier kann der Aufenthaltsort auf ein Viertel oder eine Strasse eingegrenzt werden.

Das soll sich mit dem serienmäßigen Einbau von Navigationsempfängern in alle Handys allerdings gründlich ändern. Mit dem Argument, bei Notrufen auch gleich die Ortsdaten des Absenders auf wenige Meter genau zu bekommen, wird diese Technik möglicherweise bald zum Standard erhoben. Ein eingebauter GPS-Satellitenempfänger soll für die zusätzliche Ortsinformation sorgen. Da ein GPS-Empfang in Gebäuden grundsätzlich nicht möglich ist, ergibt sich hier bereits eine neue Fragestellung!

2.7 Direktes Abhören mit dem IMSI-Catcher

Gerade bei Observationen stellt sich für Polizei und Behörden immer wieder das Problem, Handygespräche spontan abzuhören. Weder Name noch Telefonnummer sind aber vorher bekannt. Genau das ist aber technisch nicht ganz so einfach, es war anfangs sogar unmöglich! Grund für diese »Abhörprobleme« an der Luftschnittstelle ist das aufwendige Verschlüsselungsverfahren, dem die digitalisierten Sprachdaten vor ihrer Aussendung unterzogen werden. Mit dem IMSI-Catcher existiert nun ein Gerät, welches das gezielte Abhören von GSM-Mobitelefonen ermöglicht. Um das Prinzip zu verstehen, zunächst ein kurzer Ausflug in das GSM-Verfahren: Großflächige Bereiche werden immer von mehreren sog. Basisstationen versorgt. Um eine Größenordnung zu nennen, sei eine Kleinstadt mit 10 Basisstationen versorgt, die jeweils einen eigenen Frequenzkanal verwenden. Bucht man sich ins Funknetz ein, sucht sich das Handy die momentan am besten empfangbare Funkzelle und nimmt Kontakt mit der dazugehörigen Basisstation auf. Ändert man seinen Standort während des Gespräches nicht, wickelt man meist das ganze Gespräch auf eben dieser Frequenz (und dem zugewiesenem Zeitschlitz ab). Um aber alle Möglichkeiten abzusichern, überträgt die Basisstation dem Handy aber auch eine Frequenztabelle mit Alternativfrequenzen benachbarter Basisstationen, die es ständig abscannt und auf die es bei Bedarf wechseln kann. Dies ist bei Störungen der Arbeitsfrequenz oder aber auch bei Ortswechsel des Handys erforderlich. Beim angesprochenen Abhörverfahren wird nun der tragbare IMSI-Catcher in unmittelbare Nähe des abzuhörenden Handys gebracht und ein GSM-kompatibles Funksignal erzeugt. Es wird gewissermaßen eine weitere Basisstation simuliert! Das Handy erkennt den neuen Träger, meldet dies dem Funknetz und ein sog. Handover (Kanal- und Zeitschlitzwechsel) auf die neue »Basisstation« wird ausgelöst. Somit ist eine Funkverbindung zwischen Handy und IMSI-Catcher hergestellt, der das bestehende Telefongespräch wieder ins Funknetz weiterleitet. Sowohl der Telefonkunde als auch das Funksystem bekommen von dieser »Einschleifung« nichts mit. Lediglich ein erfahrener Spezialist könnte mit einem sog. Monitor-Handy, das sind Handys die auch Betriebsdaten (wie Arbeitskanal, Zeitschlitz, Timing-Advance dgl.) am Display anzeigen, die Manipulation erkennen. Ist der gesamte Datenstrom des Handys erst mal umgeleitet, können die erforderlichen Manipulationen vorgenommen werden. Der Trick besteht nun darin, dem Handy mit dem IMSI-Catcher jenes GSM-Steuerkommando zuzuführen, welches die Verschlüsselung der Daten abschaltet. Das dann unverschlüsselte Telefongespräch kann somit direkt mitgehört werden. Was sich hier so fürchterlich kompliziert anhört, erledigt das mikroprozessorgesteuertes Gerät in wenigen Augenblicken.

2.8 Handys als Fernsteuerung und Bombenzünder

Bedauerlicherweise haben auch Terroristen das Handy für Ihre Ziele entdeckt. Sie nutzen gewöhnliche Handys als Bombenzünder, die weltweit funktionieren! Denn mit Handys kann man nicht nur gut kommunizieren, mit einigen Modifikationen und Ergänzungen lassen sich die Mobiltelefone auch zur perfekten und weltweit funktionierenden Fernsteuerung umbauen. Geheimdienste haben in der Vergangenheit auch schon mal einen gegnerischen Agenten mit einem präparierten Handy abgehört (Einbau einer Wanze) oder sogar getötet. Eine ferngezündete Sprengladung zündete genau in dem Moment, als sich das Opfer mit seinem Namen meldete. Das manipulierte Handy war kurz vorher von einem Mittelsmann gegen das Original ausgetauscht worden. Eine besondere Bedrohung entsteht jetzt durch weltweite Aktivitäten terroristischer Vereinigungen gleich welcher Couleur. Ein Handy funktioniert in nahezu allen Gegenden der zivilisierten Welt und besonders gut in Ballungszentren wie Verkehrsknotenpunkten, Bahnhöfen und Flugplätzen. Gerade an solchen Orten wurde in der Vergangenheit die Infrastruktur aller Funknetze besonders gut ausgebaut. Was liegt für Terroristen also näher als Handys zum Bombenzünden einzusetzen?

Die notwendige Modifikation am Handy ist denkbar einfach. Bei Anruf eines Handys passieren gewöhnlich zwei Dinge: Es klingelt und es schaltet sich (optional) die Displaybeleuchtung ein. Genau hier setzt die Modifikation an. Klingelelement oder Displaybeleuchtung werden angezapft, deren Signale herausgeführt und über eine kleine Adapterschaltung erkannt. Sobald ein Klingelsignal anliegt, schließt sich ein kleines Relais und löst beliebige Vorgänge aus. Bastler schalten so die Standheizung ihres Kraftfahrzeuges ein, Terroristen eben den Zündkreis einer Bombe irgendwo auf Welt!

Das hat mittlerweile dazu geführt, dass bei vielen Großveranstaltungen die Handynetze zeitweise abgeschaltet werden. Weiterhin wäre es auch möglich, begrenzte Bereiche mit GSM-Störsendern zu blockieren (das wird in einigen Ländern übrigens schon praktiziert, um lästiges Handyklingeln während einer Kinovorstellung zu unterbinden). Solche Maßnahmen schützen sicherlich die Prominenz vor Ort, das Problem ist aber ein grundsätzliches und wohl nicht lösbar. Wo immer Handys funktionieren, lassen sich damit eben auch Bomben zünden!

2.9 GSM-Glossar

GSM-Arbeitskanal:

Vollduplex-Frequenzkanäle, die von Mobilfunksystemen verwendet werden, Modulationsart ist GMSK, von gewöhnlichen Scannern nicht dekodierbar!

Zeitschlitz:

Da bei GSM jeder Arbeitskanal von mehreren Geräten gleichzeitig genutzt werden kann, ist er in einzelne Zeitsegmente unterteilt, sog. Zeitschlitze. Um eine Verbindung herzustellen ist also nicht nur die Angabe der Frequenz notwendig, sondern auch noch die des gerade verwendeten Zeitschlitzes.

Handover:

Bezeichnung für die Weiterreichung einer Verbindung zu einer Nachbarschaftszelle. Das Funksystem wertet die Messungen des Handys ständig aus und leitet bei Bedarf einen Handover ein.

TimingAdvance:

Da jedes Handy einen Zeitschlitz zugewiesen bekommt, muß es seine Datenpakete mit hoher zeitlicher Genauigkeit absetzen. Da die Entfernung zur Basisstation auf die Übertragungszeit Einfluß nimmt, wird dies elektronisch korrigiert. Eine Regelschleife sorgt dafür, daß das Datenpaket vom Handy um so früher abgesendet wird, je weiter entfernt die Basisstation ist. Dieser Korrekturwert wird »TimingAdvance« (TA)genannt und von Monitorhandys direkt angezeigt. Die Entfernung zur Basisstation kann damit auf etwa 100m genau ermittelt werden. Eingriffe in den Übertragungsweg (z.B. Betrieb über Mobilfunkrepeater) machen sich durch die Laufzeitvergrößerung durch eine schlagartige Änderung dieses Wertes bemerkbar.

ISDN:

Telefonverfahren, das voll digital arbeitet. Eine ISDN-Busleitung kann zwei Gespräche (B1 / B2- Nutzkanäle) gleichzeitig übertragen. Zudem findet noch ein Signalisierungskanal (sog. D-Kanal) Platz, auf dem das gesprächsbegleitende Protokoll ausgetauscht wird.

3 GPS überwacht weltweit

Das bereits im Jahre 1964 begonnene GPS-Projekt der US-Army sollte eine weltweite Navigation ihrer Flugzeuge und Schiffe sicherstellen. Bis zu diesem Zeitpunkt gab es landgestützte Navigationssysteme, wie LORAN oder DECCA, die nur in US-amerikanisch dominierten Gebieten der Erde zur Verfügung standen. Seit dem Betriebsbeginn von GPS im Jahre 1967 wurden immerhin 54 Satelliten gestartet, von denen sich etwa 24 heute im Wirkbetrieb befinden.

Kenndaten GPS-Satellit:

Orbithöhe	20 000 km
Lebensdauer	10 Jahre (neue Generation)
elektr.Leistung	1kW
Masse	2 to
Kontrolle	4 Bodenstationen (weltweit)
Zusatzfunktionen	Nuklearsensoren (nur neueste Generation)

Mittlerweile schleichen sich GPS-gestützte Navigationsgeräte in alle Lebensbereiche ein und lösen althergebrachte Verfahren ab. So werden Navigationsysteme in Kraftfahrzeugen, Schiffen und Flugzeugen bald Standard sein. Auch GSM-Handys werden in Zukunft wohl mit einem Navigationssystem ausgestattet sein.

Die damit verbundene Nebeneffekte von GPS sind bereits jetzt alarmierend, denn die staatlichen Verwaltungen vieler Länder haben das Einsparpotential sofort erkannt. So werden konventionelle Navigationshilfen und sogar Leuchttürme weiträumig abgeschaltet, mit dem Argument, dass Schiffe ja ohnehin mit Hilfe von GPS navigieren. Das stimmt freilich nur solange, bis es zu Störungen des GPS-Systemes kommt. GPS ist übrigens nicht das einzige satellitengestützte Navigationssystem, vor Jahren hatte man im damaligem Ostblock ein ähnliches System aufgebaut, das den Namen GLONASS trägt. Rußland und China möchten dieses (eingeschränkt nutzbare) System angeblich sogar weiter ausbauen. Da bisher keine handlichen und preiswerten Empfänger für dieses System vertrieben wurden, steht es Privatanwendern faktisch nicht zur Verfügung. Somit werden die GLONASS-Aussendungen derzeit eher von militärischen und wissenschaftlichen Diensten genutzt. Auch die Europäischen Union hat sich nun endlich entschlossen, ein eigenes Navigations-System aufzubauen. Bis wann das System den Nutzungsgrad des heutigen GPS-Systems erreicht haben wird, ist noch nicht abzusehen.

Betrachtet man die Eigenschaften von GPS etwas kritischer, fallen einige technische Schwachpunkte auf. Immerhin wurden die technischen Eckdaten des Systems in den 60er Jahren abgesteckt und lassen sich auch durch den Einsatz modernster Elektronik nicht ganz kompensieren.

- keine weltweite Abdeckung, dokumentierte Empfangsprobleme in Nordeuropa
- nur schwacher Empfangspegel, Empfang nur mit Richtantennen (nach oben) und im Freien möglich, Störsendereinsatz gegen GPS-Empfänger sehr einfach möglich
- Eingeschränkte Verwendbarkeit und Empfangsausfälle wegen Abschattung in Fjorden, Gebirgstälern und Strassenschluchten
- GPS-Daten sind nicht echtzeitfähig, Nettoübertragungsrate nur 50 Bit/s (das entspricht der Übertragungsrate eines alten mechanischen Fernschreibers und erlaubt keine unmittelbare Steuerung schneller Vorgänge)
- Auch nach Abschaltung der »künstlichen Verschlechterung« bleiben unüberbrückbare Ungenauigkeiten von 5 bis 10 Metern, was bei manchen Anwendungen entscheidend ist (Flugzeuglandungen)
- Die beiden Betriebsfrequenzen (L1=1575 MHz / L2= 1227 MHz) liegen in ungeschützten Frequenzbereichen. In einigen Gebieten kommt es durch Radaranlagen oder Oberwellen von Fernsehsendern zu derartigen Störungen, dass GPS-Empfänger im Umkreis von einigen 100 km keine vernünftigen Werte liefern. Auch Richtfunkstrecken oder mangelhaft abgeschirmte Elektronik können nachhaltige Empfangsstörungen verursachen.

Da GPS heute in allen militärischen Geräten eingesetzt wird, tobt hinter den Kulissen längst ein elektronischer Krieg. Die wenigsten GPS-Nutzer wissen beispielsweise, daß sie mit ihrem GPS-Empfänger nur eine »Exportversion« besitzen, die nicht alles anzeigen darf, was sie theoretisch könnte (etwa die Geschwindigkeitsanzeige, die auf 200 km/h begrenzt ist!). Grund: Man möchte verhindern, daß die kleinen GPS-Empfänger unerwünscht zur Steuerung in gegnerische Waffensysteme eingebaut werden. Überhaupt spricht das Militär beim Betrieb von Navigationssystemen immer ein Wort mit!

1. Da GPS-Satelliten vom amerikanischen Militär betrieben werden, wird während kriegerischen Auseinandersetzungen der GPS-Empfang immer wieder

von den US-Streitkräften regional gestört oder gezielt verfälscht, um dem Gegner dessen Nutzung zu erschweren. Das kann einerseits mit landgestützten GPS-Störsendern erfolgen, andererseits auch durch gezielte Manipulation der abgestrahlten Satellitendaten. Das Stören des GPS-Signals gehört bei militärischen Manövern heute zum Handwerkszeug der Militärs !

2. GPS wird nach wie vor zur Steuerung von Raketen, wie beispielsweise Marschflugkörpern und Bomben verwendet. Das macht GPS natürlich zum Ziel gegnerischer, elektronischer Kampfführung. So sind vor einiger Zeit Störsender russischer Herkunft aufgetaucht, die manipulierte Satellitensignale aussenden können. Als Folge zeigen GPS-Empfänger im weiten Umkreis dieser Sender nur noch falsche oder gar keine Positionswerte an. Geeignet sind solche Geräte besipielsweise zum Schutz vor anfliegenden Raketen, denn diese werden getäuscht und fliegen am programmierten Ziel vorbei.

3. Mittlerweile sind Bauanleitungen und sogar Bausätze für GPS-Störsender aufgetaucht, die beinahe jedem Bastler die Störung von Navigationsempfängern in einem Umkreis bis zu einigen Kilometern ermöglichen. Das funktioniert relativ einfach, da der Empfangspegel der GPS-Satelliten auf der Erde relativ schwach ist. Um dieses Problem abzuschwächen, soll die nächste Generation von GPS-Satelliten mit deutlich stärkeren Sendern ausgestattet werden. Das ist freilich begrenzt, denn GPS ist in diesem Frequenzbereich nur Mitnutzer und daher Leistungsbeschränkungen unterworfen. Nicht auszudenken, wenn Terroristen oder Erpresser etwa Anflugbereiche von Flughäfen oder Hafeneinfahrten mit solchen Störsendern heimsuchen.

Beispiel einer Internetanzeige:

GPS Jammer Plans: These are plans to build a Global Positioning System (GPS) jammer. These plans use parts commonly available (old C-band satellite receiver, etc.). Include information on GPS antenna construction. For educational purposes only! $9.95 (shipping included)
http://www.kenneke.com/

So verwundert es nicht, dass der Irak-Krieg mit einem Luftschlag auf die zahlreichen GPS- und Radarstörsender rund um Bagdad begann. Diese wurden mit dem Ziel aufgestellt, einfliegende Marschflugkörper und Flugzeuge zu täuschen.

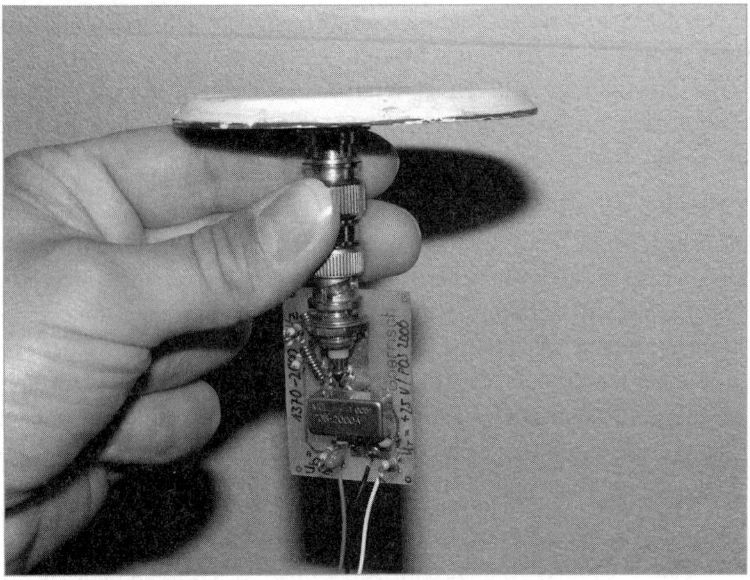

Abb 3.01: Einfach aufzubauen: GPS-Störsender hier mit einer Patchantenne für Tragflächeneinbau an Flugzeugen

3.1 GPS als Beobachtungswerkzeug

GPS-Navigationsempfänger lassen sich allerdings nicht nur als praktisches Werkzeug zum eigenen Gebrauch einsetzen, sondern auch mißbräuchlich verwenden. Bereits ein einfacher GPS-Empfänger zeichnet über einen längeren Zeitraum gefahrene Wege auf! Möchte man also wissen, wo denn die Aussendienstmitarbeiter einer Firma oder die vermeindlich untreue Ehefrau ihre Zeit verbringen, legt man ein kleines GPS-Gerät ins Auto! Ein zufällig liegengelassener GPS-Empfänger auf der Hutablage als ungewollter Begleiter, simpler geht's kaum. Am Abend lassen sich die aufgezeichneten Daten über das Display abrufen oder mittels PC in einer Karte darstellen. Wurden wirklich alle Kunden besucht, stimmen die Angaben der Reisekostenabrechnung, war meine Frau tatsächlich beim Einkaufen? In wenigen Augenblicken wird mit Hilfe der GPS-Daten die Plausibilität der Angaben gecheckt.

Abb 3.02: Bereits mit einfachen und sehr preiswerten GPS-Geräten lassen sich Wege präzise aufzeichnen und später wieder auslesen

Professionelle Lösungen sind natürlich wesentlich unauffälliger. So lassen sich sogar die Positionsdaten einer bereits eingebauten Fahrzeug-Navigationsanlage abzweigen und mißbräuchlich nutzen. Der (nach NMEA-Standard genormte) Datenstrom wird dabei keineswegs nur gespeichert, sondern läßt sich aktuell über Funk an einen Beobachter weiterleiten. Nur wenig Elektronik ist erforderlich und schon werden die Positionsdaten über ein verstecktes Funkgerät oder ein Handy an einen »Beobachter« gesendet.

Das von Funkamateuren entwickelte Modul »TinyTrack« verkoppelt GPS- und Funkgeräte und sendet zyklisch die aktuellen Positionsdaten aus. Das Verfahren nennt sich APRS (Automatic Position Reporting System) und hat seine Wurzeln im militärischen Bereich. Die Positionsdaten werden dazu in Tonsignale (PaketRadio-Protokoll) umgewandelt und lassen sich so über jedes beliebige Funkgerät übertragen. Das erlaubt die problemlose Verfolgung eines Objektes, die über einen Funkempfänger empfangenen Daten werden auf dem PC-Bildschirm direkt in eine Landkarte eingeblendet.

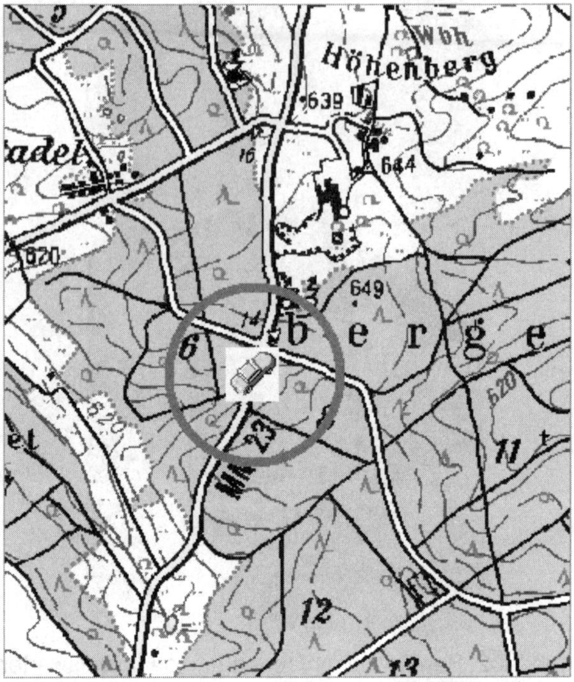

Abb 3.04: Die GPS-Tracking-Software »UI-View« (*www.ui-view.org*) dekodiert gesendete APRS- Datentelegramme und stellt das Objekt direkt auf einer Karte dar

Eine APRS-fähiges Funkgerät (Kenwood TM-D700) kann die empfangenen Daten gleich selbst dekodieren. Richtung und Abstand zum beobachteten Objekt werden im Funkgerät errechnet und im Gerätedisplay direkt angezeigt.

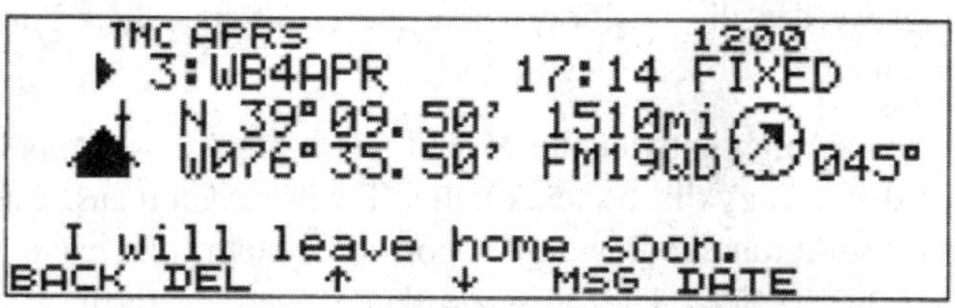

Abb 3.05: Im Display des Kenwood-Funkgerätes werden Koordinaten, Entfernung und Richtung zum beobachteten Objekt unmittelbar angezeigt

Auf dem Markt werden auch Funkgeräte (»GP-1« von Albrecht oder »Rino« von Garmin) angeboten, die über einen integrierten GPS-Empfänger ihren

Aufenthaltsort ermitteln und die eigenen Positionsdaten auf Knopfdruck der Gegenstation übersenden.

Abb 3.06: Kombination von PMR-Funkgerät und GPS-Navigationsempfänger: »GP-1« der Fa. Albrecht. Auf Knopfdruck werden die Positions-Koordinaten über Funk zur Gegenstation übertragen und dort direkt angezeigt

Während die funkgestützte Positionsdaten-Übertragung nur im näheren Umfeld des Objektes funktioniert, sind unter Verwendung von GSM-Funktelefonen Beobachtungen in allen Teilen der zivilisierten Welt möglich (Voraussetzung dafür ist nämlich ein funktionierendes Handynetz). Die Positionsdaten werden dabei auf die Modemschnittstelle eines Handys geleitet und dem Beobachter als SMS-Telegramm gesendet. Auch hier werden Handy und GSM-Telefon mit einem Elektronikbaustein verkoppelt. Die Auswertung funktioniert ähnlich wie bei der funkgestützten Version und erlaubt ebenfalls eine direkte Anzeige auf dem PC-Bildschirm.

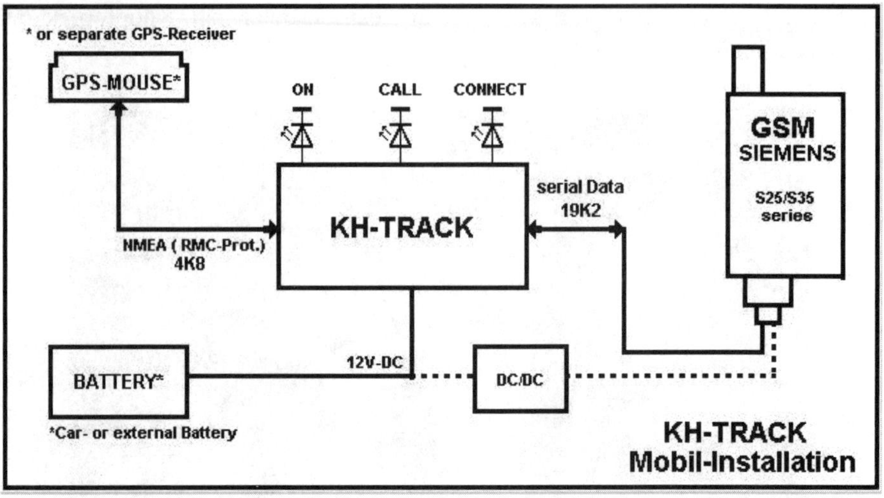

Abb 3.07: Mit einem kleinen Zusatzmodul wird das GSM-Handy zum GPS-Datensender, näheres dazu bei *www.kh-gps.de*

Der Markt bietet auch GPS-Handys an, die einen kompletten GPS-Empfänger integriert haben. Je nach Modell lassen sich interessante Funktionen realisieren.

Abb 3.08: Mobiltelefone mit integrierter GPS-Funktion sind bereits jetzt auf dem Markt erhältlich

4 Videoüberwachung überall

Videotechnik ist eigentlich schon recht betagt, bereits in den 30er Jahren waren die erforderlichen Geräte verfügbar. Damals verwendete noch jeder Hersteller seine eigenen Normen (Zeilen- und Bildwechselfrequenz) und die erforderlichen Kameras und Monitore waren teuer und sperrig! Das hat sich heute grundlegend geändert und Videotechnik wird möglicherweise bald in Wegwerfgeräte eingebaut.

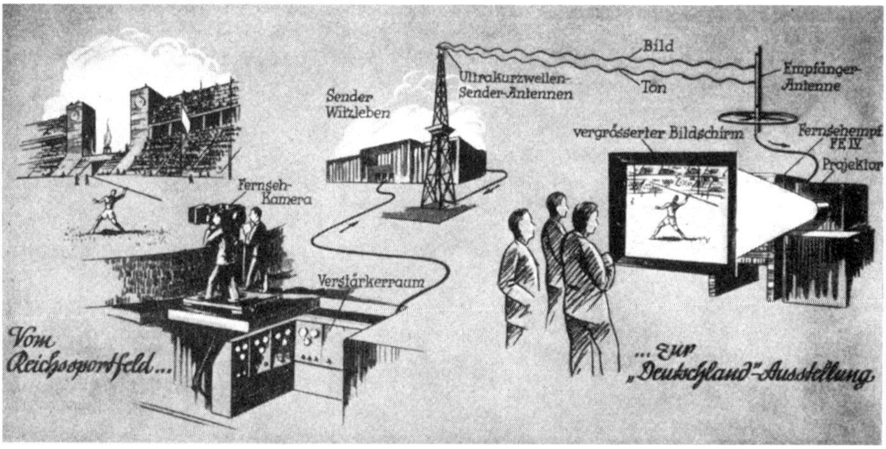

Abb 4.01: Zeitgenössische Darstellung einer Fernsehübertragung von der Olympiade 1936 aus Berlin

4.1 Preiswerte CCD-Kameras überall

Miniaturisierung und Massenfertigung sorgen heutzutage für winzige und preiswerte Kameramodule, in denen CCD-Videochips eingebaut sind. Der Anwender beschaltet die kleinen Module nur mit der erforderlichen Versorgungsspannung (meist 12 oder 5 VDC) und einer Koaxleitung direkt zum Anzeigemonitor. Da Videosignale heute genormt sind, eignet sich jeder Fernseher (Videoeingang erforderlich!) oder PC (TV-Karte mit Videoeingang erforderlich) zur Bildwiedergabe. Natürlich haben die einfachen Kameramodule einige Nachteile: die gegenüber Fernsehbildern reduzierte Zeilenzahl, sehr einfache Objektive und die fehlende mechanische Blende, die durch eine elektronische Regelung ersetzt (sog. AGC, bei einigen Modellen abschaltbar) ist. Dieser Regelkreis ist in seiner Wirksamkeit aber begrenzt! Bei direkter Sonneneinstrahlung neigen CCD-Chips dann zu Übersteuerung, die Bildqualität verschlechtert sich drastisch. Demgegenüber stehen aber auch Pluspunkte, wie etwa die hohe Lichtempfindlichkeit über einen weiten Spektralbereich! Bei CCD-Kameras reicht das aufgenommene Lichtspektrum bis weit in den infraroten (und damit für das menschliche Auge unsichtbaren) Bereich hinein. Das wird bei zahlreichen Kameraeinsätzen bewusst ausgenutzt. Kombiniert mit einer IR-Lichtquelle, arbeiten SW-Kameras daher genauso gut als preiswerte »Nachtsichtgeräte« an der Haustüre.

Abb 4.02: Handelsübliche SW-Kamera mit Video-Normausgang und 12 Volt Versorgungsspannung (Stromverbrauch ca. 120 mA)

Abb 4.03: Videokameras für den Außenbereich sind stets in ein beheizbares Wetterschutzgehäuse eingebaut, das u.a. die gefürchtete Kondenswasserbildung ausschließt

4.2 Das infrarote Lichtspektrum

Zunächst soll der Begriff »Infrarot« einmal näher betrachtet werden. Unter diesem Lichtspektrum versteht man Wellenlängen unterhalb 780 nm (tiefrot), die für das menschliche Auge unsichtbar sind. Zwei häufig genutzte Wellenlängen sind 875 und 950 nm im »nahen« IR-Bereich, dafür stehen zahlreiche elektronische Bauteile zur Verfügung. Mit Wärmestrahlung hat das übrigens noch nichts zu tun, der thermische IR-Bereich beginnt erst ab einer Wellenlänge von 8 µm und mehr!

Die Erzeugung infraroten Lichtes ist auf verschiedenen Wegen möglich:

- Glühbirne mit vorgesetztem IR-Filter (klassische Methode)
- IR-Leuchtdioden
- IR-Laserlichtquellen

In den Anfängen der IR-Technik (die von der deutschen Wehrmacht bereits 1944 eingesetzt wurde) arbeitete man noch ausnahmslos mit Filterscheiben, die mit gewöhnlichen Glühbirnen kombiniert, einen relativ breiten IR-Bereich aus deren Spektrum herausfilterten. Mit modernen Bauteilen, hat sich das grundlegend geändert. Handelsübliche IR-Leuchtdioden erzeugen Licht mit relativ schmaler Bandbreite (typisch 40nm). Laserlichtquellen generieren monochromatischen Licht und damit einen Linie im Lichtspektrum!

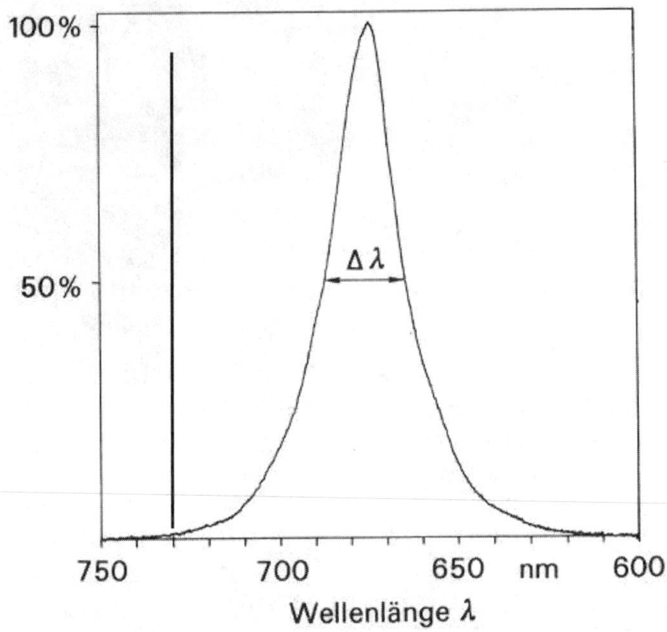

Abb 4.04: Erzeugtes Lichtspektrum zweier Lichtquellen im Vergleich: Links monochromatisches Laserlicht mit 740 nm und rechts das Spektrum einer Rotlicht-LED mit 680 nm

Für eine heimliche Beobachtung eignen sich CCD-Kameras aus verschiedenen Gründen sehr gut. Sie sind zum einen sehr klein und preiswert, Schwarz-Weiss-Kameras sind in Kombination mit einer IR-Lichtquelle sogar in völliger Dunkelheit verwendbar. Zur Ausleuchtung des näheren Umfeldes (1-2 Meter) werden vorzugsweise mehrere IR-Leuchtdioden verwendet, die als sog. Cluster fix und fertig auf dem Bauteilemarkt angeboten werden.

Abb 4.05: Verschiedene IR-Cluster: Links bereits fertig zur Montage rund um das Kameraobjektiv, rechts zwei Typen der Firma »Kingbright« mit unterschiedlichen Wellenbereichen (880 und 940 nm)

4.3 Videoübertragung

Der klassische Weg eines Videosignals führt über Koaxialkabel oder eine verdrillte Zweidrahtleitung direkt zum Monitor. Wegen der aufwendigen Verlegearbeiten und dem damit verbundenen Zeitaufwand, nutzt man heute bereits vorhandene Computer-Netzwerkkabel. Über entsprechende Koppler lassen sich Standard-Videosignale (1Vss an 75 Ohm) problemlos an Netzwerkleitungen an- und an anderer Stelle wieder auskoppeln.

Das ist nicht zu verwechseln mit Kameras, die Bestandteil eines TCP/IP-Netzwerkes und über einen integrierten Chip direkt über ihre IP-Adresse ansprechbar sind. Die Rede ist von sog. Webcams, die direkt und ohne zwischengeschalteten PC mit jedem Computernetzwerk verbunden werden können. Im Gegensatz zu gewöhnlichen Videokameras, die ein Standard-Videosignal abgeben, haben Webcams bereits einen Ein-Chip-Webserver integriert. Sie liefern eine komplette Webseite mit Kamerabild beim Browser ab! Ein Zugriff auf diese Kameras ist somit mit jedem PC und weltweit möglich. Das erspart eine Menge an Kosten und ist komfortabel.

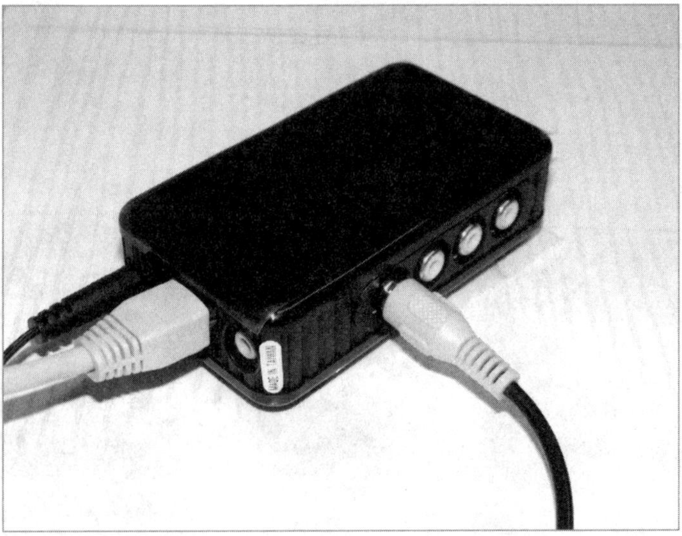

Abb 4.06: Videoserver (hier mit 4 Kamera- und einem Toneingang) erlauben den direkten Anschluss von Videokameras ans Computernetzwerk

Abb 4.07: Die Bilder von Webcams lassen sich mit jedem beliebigen Browser abfragen, die IP-Adresse des Videoservers ist hier 10.0.1.6

Unterschiedliche Einsatzfälle von Webcams

Abb 4.08: Webcams mit Blick auf Gebäude, öffentliche Plätze oder Hotelbars findet man häufig im Internet

Oft ist ein öffentlicher Zugriff freilich erwünscht, denn damit können sich Touristen schon vorab einen ersten Eindruck ihres Reisezieles verschaffen oder Skifahrer die aktuellen Pistenverhältnisse eines Skigebietes selbst beurteilen. Tourismusverbände und Hotels betreiben daher zahllose Webcams und sehen dies als werbewirksamen Service. Grundsätzlich keine schlechte Idee!

Sicherheitsdienste, Banken und Industrieunternehmen überwachen mit solchen Webcams ihre Objekte und sparen sich exklusive Übertragungseinrichtungen. Sie nutzen das Internet als billige Alternative. Auf diese Weise können weit entfernte Gebäude, Geschäftsräume oder Baustellen ohne großen Kostenaufwand überwacht werden. Der Zugriff auf diese Kameras sollte also nur dem Betreiber zugänglich sein und tatsächlich ist es auch recht schwierig, IP-Adressen verborgener Webcams durch eigene Versuche herauszufinden. Und genau darauf vertrauen die meisten Betreiber, doch die haben die Rechung offenbar ohne den Wirt gemacht. Zahlreiche Suchmaschinen durchforsten ständig das Netz, stoßen beinahe zwangsläufig auf die IP-Adressen dieser weitverbreiteten Webcams und präsentieren sie dann mundgerecht in ihren Suchergebnissen. Nach der Eingabe des Suchwortes »Network Camera« hagelt es gleich seitenweise interessante Suchergebnisse.

Axis 2120 Network Camera 2.43 - [Diese Seite übersetzen]
63.167.208.91/view/view.shtml - 5k - 29. Jan. 2005 - Im Cache - Ähnliche Seiten

Abb 4.09: So sieht es aus, wenn Google eine Webcam des Herstellers »AXIS« erfunden hat

Die näheren Informationen sind recht spärlich, aber immerhin ausreichend für einen Blick aufs Geschehen! Klickt man einen solchen Link an, bekommt man postwendend ein Bild oder sogar eine Live-Videoübertragung auf den PC-Monitor, wo immer die Kamera auch stehen mag (oft kann man das nur anhand der eingeblendeten Uhrzeit abschätzen).

Abb 4.10: Fast schon unglaublich, Bild einer Webcam direkt vom Bedientableau eines Bankautomaten irgendwo im Baltikum!

Die Qualität der übertragenen Bilder ist unterschiedlich, wenn sie schwenkbar und mit einem fernbedienbaren Zoomobjektiv ausgerüstet sind, lassen sich die gewünschten Bildausschnitte sogar fernsteuern. Wegen der umfangreichen Datenmengen ist ein schneller Internetanschluss (DSL) angeraten. Das Spektrum der empfangenen Bilder reicht von langweilig bis unglaublich.

Ein bedeutender Kamerahersteller ist beispielsweise AXIS, der zahlreiche Kameramodelle mit verschiedensten Ausstattungsmerkmalen im Programm hat. Komfortable Modelle können motorisch geschwenkt werden und sind mit

Zoomobjektiv ausgestattet, beide Funktionalitäten lassen sich vom Betrachter auch übers Internet fernsteuern. Sogar Fernkonfiguration der Kameras ist möglich, die sich beim Klick auf den eingeblendeten »ADMIN«-Knopf öffnet (Standardeinstellung bei einigen AXIS-Webcams: user: root / passwort: pass). Schon lassen sich sämtliche Kameraparameter fernkonfigurieren. Die Krönung ist schließlich der fernaktivierbare Infrarotscheinwerfer, mit dem einige Aussenkameras bestückt sind.

Beim Einsatz dieser Webcams ist also größte Vorsicht angebracht. Denn welche Personen über das Internet auf diese Kameras zugreifen, ist praktisch nicht kontrollierbar. Wer sich also selbst eine Webcam ins Zimmer stellt, sollte sich des Lauschrisikos bewusst sein!

Drahtlose Videokameras

Abb 4.11: Preiswerte Videolinkgeräte, die nicht nur an Fernseher sondern häufig auch direkt an den Videoausgang von Computern angeschlossen werden

In vielen Fällen arbeitet man gerne auch mit drahtloser Übertragung des Videosignals. Da dieses Signal über 5 MHz Bandbreite besitzt, hat sich das 2,4 GHz ISM-Band derzeit als Standard-Übertragungsmedium für Videolinks etabliert. Verschiedene Hersteller bieten bauartzugelassene 2,4 GHz Übertragungsmodule an, die von jedermann verwendet werden dürfen und in vielen Kompaktgeräten (Bild) eingebaut sind. Grob umrissen sprechen wir beim 2,4 GHz-Band von einem Frequenzbereich, der von 2300 bis 2500 MHz reicht.

- private Video-Links aller Art (Video-Babyfon, drahtlose Überwachungskameras, Überspieleinrichtungen)
- Amateurfunk Videoübertragungen
- terrestrische TV-Richtfunkstrecken
- Videos von Hubschraubern (häufig bei Großveranstaltungen durch Fernsehgesellschaften und Behörden)

Videoübertragungen laufen derzeit meist nach analoger (PAL-) Norm, ohne jede Verschlüsselung, mit oder ohne Begleitton ab. Somit lassen sie sich auch relativ einfach empfangen und wiedergeben. Im Gegensatz zum analogen terrestrischen Fernsehen, das seine Bilder amplitudenmoduliert auf die Reise schickt, arbeiten alle Video-Sender im 2,4 GHz Band frequenzmoduliert. Auch die Transponder in den Fernsehsatelliten modulieren so, daher können viele preiswerte Komponenten des Satellitenfernsehens so gut für eigene Versuche verwendet werden. Unterschiede gibt es lediglich in der benutzten Videopolarität (positiv oder negativ) der 2,4 GHz Video-Sendungen, welche daher bei den meisten Empfängern auch umschaltbar ist. Ob die Bilder nun farbig oder nur schwarz/weiß gesendet werden, hängt von der jeweiligen Anlage ab. S/W-Kameramodule werden nicht nur wegen des niedrigeren Preises, sondern auch wegen ihrer Infrarotempfindlichkeit gerne zu Überwachungszwecken hergenommen.

Abb 4.12: Preiswerte Kameramodule nach CCIRR-Norm sind bereits für wenige Euro zu haben, sie liefern durchweg ein Standard-Videosignal mit 1Vss an 75 Ohm

Die höchst unterschiedlichen Einsatzbedingungen seien nur an zwei Beispielen dargestellt: Da sind zum einen die ortsfesten Übertragungseinrichtungen mit sehr kleiner Leistung und einer Reichweite von gerade mal 100 Metern, zum anderen die wesentlich stärkeren, aber nur zu besonderen Anläßen (Radrennen, Marathonläufer, Großveranstaltungen) empfangbaren Videosignale aus den Helikoptern. Das »Abhören« des 2,4 GHz-Bandes auf derartige Videosignale erfordert Geduld, Erfahrung und Flexibilität. Es bringt aber immer wieder neue Überraschungen auf den Schirm. Besonders Hubschrauber senden ihre Videosignale sehr weit! Fertige Empfangseinrichtungen für das 2,4 GHz-Band gab es in der Vergangenheit kaum, lediglich Funkamateure arbeiteten mit selbstgebauten oder modifiziertem Gerät. Seit einigen Jahren sieht die Situation deutlich besser aus. Neben dem »videotauglichen« Scanner IC-R3, gibt, stehen zahllose Elektronikkomponenten aus der Satellitenbranche billigst zur Verfügung. Eine Schlüsselrolle spielen dabei analoge Satellitenreceiver, die mittlerweile als Schrott auf dem Wertstoffhof erhältlich sind. Sie stellen den Grundstein für viele Hobby-Empfangsanlagen dar, verfügen sie doch über einen weiten Empfangsbereich von 900 bis 2100 MHz. Um damit nun im 2,4 GHz-Band zu empfangen, ist anstelle des LNB´s ein spezieller Konverter vorzuschalten. Diese werden meist als sog. »Arabsatkonverter« im Elektronikhandel verkauft und kosten um die 50.– Euro. Ursprünglich waren diese Konverter zum Empfang arabischer Fernsehsatelliten im 2,4 GHz-Band massenweise auf den Markt geworfen worden, heute stehen sie als Surplus-Ware zur Verfügung. Als preiswertes Anzeigemedium dient der heimische Fernsehempfänger, der ganz einfach an den Satellitenempfänger angeschlossen wird.

Abb 4.13: Schwenkbare Videokamera an einem Polizeihubschrauber, die Videos werden direkt an die Einsatzzentrale gesandt

Hier einige Möglichkeiten zum Empfang des 2,4 GHz-Bandes im Vergleich:

1. analoger Satellitenreceiver mit Konverter
   Vorteile: billig, universell ausbaubar
   Nachteil: mobil kaum einsetzbar (Stromversorgung), sperrig

2. Satellitenmeßempfänger mit Konverter
   Vorteil: mobil einsetzbar, echte Spektrumsanzeige
   Nachteil: teuer, kleiner S/W-Monitor

3. Scanner ICOM R3
   Vorteil: mobil, universell einsetzbar, sehr kompakt
   Nachteil: kleiner Monitor, teuer

Somit haben alle Gerätevarianten ihre Vor- und Nachteile!

Abb 4.14: Arabsatkonverter setzen die Empfangsfrequenz von 2,4 GHz in den Empfangsbereich konventioneller Sat-Empfänger um und ermöglichen somit den Empfang aller drahtlosen Kameras

Die Reichweite der 2,4 GHz-Aussendungen ist unterschiedlich, kann bei Inhouse-Anwendungen aber durchaus einige hundert Meter weit reichen. Das ist oft mehr, als einem lieb und recht ist. Die genaue Frequenz und weitere Übertragungs-Parameter (Videopolarität und Tonunterträger) der wenigen Übertragungskanäle sind nicht einheitlich festgelegt. Als Paradebeispiel für einen Industriegerät mit integriertem Videomonitor sei hier der Handscanner ICOM IC-R3 genannt. Wer sich die angebotenen Video-Links aber einmal ansieht, stellt schnell einige Ähnlichkeiten fest. Weit verbreitet sind beispielsweise folgende vier Video-Link-Frequenzen innerhalb des ISM-Frequenzbandes:

	Video-Link	*Wimo-Modul*
Kanal 1	2,411	2,413
Kanal 2	2,434	2,438
Kanal 3	2,453	2,458
Kanal 4	2,473	2,475

(Frequenzen in GHz)

Um diese vier interessanten und vielbenutzten Videofrequenzen zu scannen, gab und gibt es auch einfachere und billigere Möglichkeiten. Etwa das ca. 60 € teure 2,4 GHz-ISM-Empfangsmodul ATV-RX-13ISM vom Hersteller WIMO, das sich mit seinen 12 Volt Betriebsspannung sehr gut für den mobilen Einsatz eignet (Datenblätter lassen sich von *www.wimo.com* herunterladen).

Das Modul enthält einen kompletten Empfangsteil für analoge Videoaussendungen und kann direkt an einen Videomonitor angeschlossen werden. Die Bedienung beschränkt sich auf einen einzigen Taster: Kurzes Drücken zur manuellen Durchschaltung der Kanäle, längeres Drücken startet den Suchlauf.

Abb 4.15: Modifizierter und abgetrennter Tunerteil des WIMO-Empfangsbausteines

WIMO weicht mit den vorprogrammierten Kanälen von denen der weitverbreiteten Konsumgeräte etwas ab (siehe Tabelle). Daher ist das abgebildete Modul modifiziert, je nach Einsatzzweck kann es noch weiter angepasst werden. Es verfügt über zwei Audioausgänge und ermöglicht damit sogar den Empfang eines mitübertragenen Stereo-Tonsignales auf den beiden Ton-Unterträgern (6,0 und 6,5 MHz, die sich durch Einlöten anderer Filter ebenfalls verändern lassen). Video-Links nutzen Ton-Unterträger fast immer, drahtlose Kameras arbeiten dagegen meist ohne Tonübertragung.

Abb 4.16: Der abgesetzte Steuerteil des WIMO-Modules, die vier Videokanäle sind mit Buchstaben bezeichnet

Ein besonderes Thema stellt die Antenne dar. Bei der hohen Betriebsfrequenz bewirken auch sehr kurze Zuleitungen schon eine sehr hohe Signaldämpfung. Der WIMO- Tunerbaustein wurde daher vom WIMO-Modul entfernt und in ein eigenes Gehäuse eingebaut, das direkt am Antennenfußpunkt sitzt. Das Verfahren erinnert etwas an ein LNB, wie man es von TV-Satellitenempfängern her kennt. Zur Ansteuerung dieses Tuners dient ein mehrpoliges Kabel (Betriebsspannung, I2C-Bus und Videosignal), dessen Länge recht unkritisch ist. Das WIMO-Modul selbst ist in ein Plastikgehäuse eingebaut, die vier roten Leuchtdioden zur Kanalanzeige (A bis D) können darüber hinaus durch verschiedenfarbige und hell leuchtende Typen ersetzt werden. Das verbessert die Kanalidentifikation im Mobilbetrieb erheblich.

Einmal gestartet, scannt der Empfänger im Sekundentakt die vier Videokanäle ab und bringt seine Empfangsergebnisse sofort auf einen beliebigen Videomonitor. Auch ein Feldstärkeindikator lässt sich direkt an den Tuner anschließen, näheres geht aus den Datenblättern hervor.

Wegen der relativ geringen Reichweiten der Videoübertragungen kommt man mit einer ortsfesten Empfangsstation nicht weit. Die mobile Lauschausrüstung besteht aus einem (modifizierten) WIMO-Empfangsmodul, einem kleinen Taschenfernseher und einer 2,4 GHz WIMO-Vertikalantenne. Ein Laptop (Videoadapter ist Voraussetzung!) kann ebenfalls als Wiedergabegerät benutzt werden, sogar ein Speichern empfangener Videosequenzen auf der Festplatte ist damit möglich. Die Stromversorgung aller Komponenten erfolgt über das 12Volt-Bordnetz. Man staunt immer wieder, was während der Fahrt durch eine Großstadt alles empfangbar ist: Ladentheken, Einkaufsregale, schlafende Babys, Pornofilme, Videoüberspielungen und vieles mehr. An manchen Orten sind alle vier Videokanäle gleichzeitig in Verwendung! Bei Kameras mit Mikrofon ist die Tonübertragung meist exzellent.

So wandert möglicherweise auch der eigene Urlaubsfilm ungewollt auf den Bildschirm des Nachbarn! Private Videofilme werden in zunehmendem Maße auf dem heimischen PC bearbeitet, gespeichert und danach via TV-Ausgang und Video-Link ins Wohnzimmer auf den Fernseher übertragen. Gelegentlich sind unidentifizierbare Signale zu empfangen, erkennbar an bloßen Streifenmustern oder stark verzerrten Bildern. Das sind möglicherweise Videoübertragungen mit inverser Videopolarität oder auch WLAN-Sender auf Nachbarkanälen.

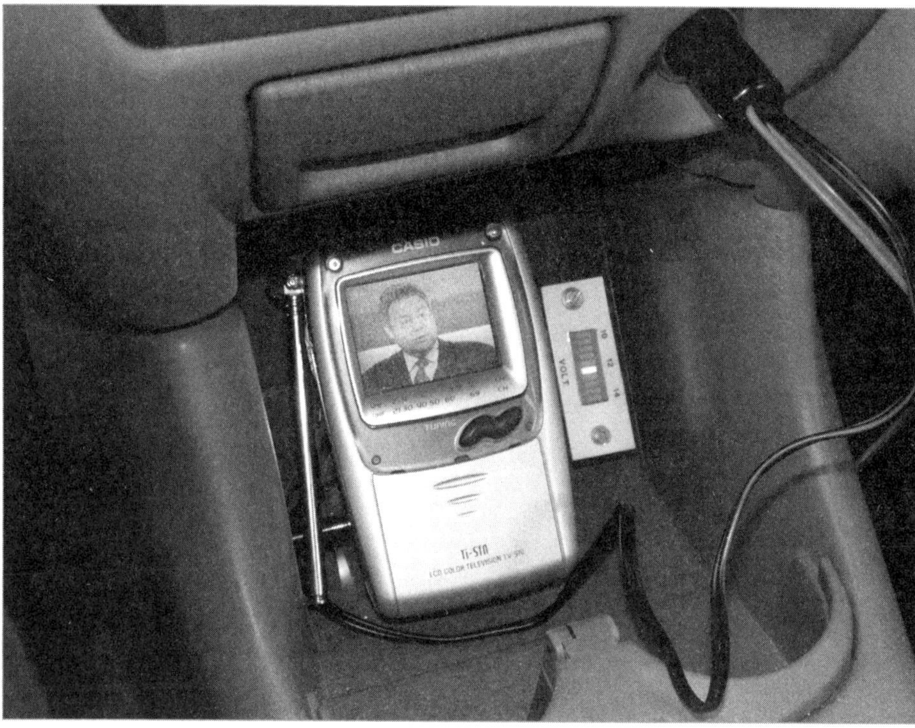

Abb 4.17: Ein Taschenfernseher als Videomonitor im Fahrzeug, hier wird gerade ein drahtloser 2,4 GHz-Videolink empfangen.

4.4 WLAN- und Video-Kanalverteilung im 2,4 GHz-ISM-Band

WLAN-Kanal	*Frequenz(GHz)*	*Video-Kanal*
	2,411	A
1	2,412	
2	2,417	
3	2,422	
4	2,427	
5	2,432	
	2,434	B
6	2,437	
7	2,442	
8	2,447	
9	2,452	
	2,453	C
10	2,457	
11	2,462	
12	2,476	
13	2,472	
	2,473	D
14	2,484	

Dazu kommen noch die »nichtöffentlichen« Videofrequenzen: 2337, 2339, 2344 und 2346 MHz und die BOS-Kanäle 2353, 2360, 2367, 2374 und 2381 MHz (gemäß Techn. BOS-Richtlinie »Fernseh-Funkanlagen«)

4.5 Bildüberwachung durch PC-Software

Wie auch immer das Videobild auf den Monitor kommt, seine Beobachtung und Auswertung ist eine andere Geschichte. Das kann durch Menschen, neuerdings aber auch durch preiswerte Computerprogramme geschehen. »SupervisionCam« nennt sich so ein Programm zur automatischen Bildüberwachung, das Bilder komplett oder auch ausschnittsweise beobachtet. Angekoppelt werden die Videosignale über eine handelsübliche TV-Karte mit Videoeingang, für einfachere Anwendungen eignet sich eine USB-Kamera zum Direktanschluss an den PC. Sobald dic Beobachtungsfunktion aktiviert ist, werden alle Bildänderungen detektiert und lösen festgelegte Funktionen am PC aus: Automatische Aufzeichnung der Videosequenz auf der Festplatte, Abspielen von Soundfiles, Absetzen eines Telefonanrufes über die Modemkarte oder auch alles zusammen! Umfangreiche Timerfunktionen schalten die Überwachungsfunktionen nach einem festgelegten Zeitschema ein- und aus. Ausgerüstet mit einer USB-Kamera kann sich ein PC auf diese Weise selbst überwachen und tatsächlich sind bereits Fälle von Diebstählen auf diese Weise geklärt worden. Aber auch zum Überwachen des Parkplatzes oder eines Geschäftsraumes lässt sich die Software vorteilhaft einsetzen. Die Videoaufzeichnungen können aber nicht nur durch Bildänderungen, sondern optional durch Signale externer Sensoren (wie etwa die Hausklingel) gestartet werden. Diese werden über den Gameport des Rechners eingespeist. Mit dieser Funktion lassen sich kurze Videoaufnahmen von Personen, die an der Haustüre geklingelt oder Türkontakte ausgelöst haben, erstellen.

Natürlich lassen sich auch drahtlos übertragene Videosignale auf diese Weise aufzeichnen und auswerten. Dabei ist aber zu beachten, dass sich Übertragungsstörungen direkt als Bildstörungen bemerkbar machen, von der elektronischen Bildauswertung möglicherweise falsch interpretiert werden und zu Fehlalarmen führen.

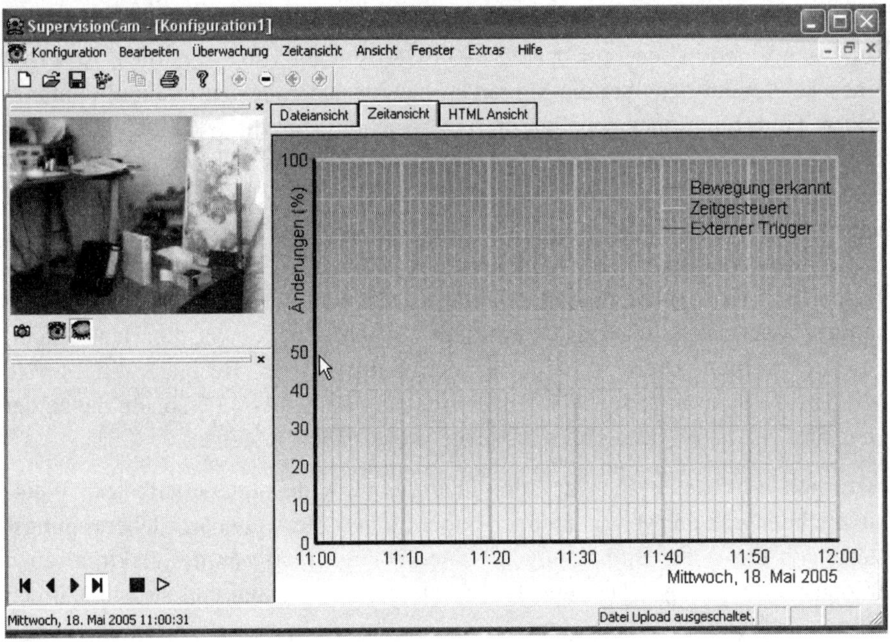

Abb 4.18: Die Shareware »SupervisionCam« ist auf der Webseite *www.supervisioncam.com* zu bekommen und hat sich bereits tausendfach bewährt

5 Infraroter Terror

5.1 IR-Licht zur Datenübertragung

IR-Fernsteuerungen arbeiten durchwegs mit Pulsweitenmodulation. Dabei werden immer nur Sequenzen kurzer Lichtblitze mit unterschiedlicher Dauer von der Fernsteuerung zum Gerät übertragen. Ein Rückkanal zur Fernsteuerung ist nicht vorgesehen. Fernsehgeräte verhalfen dieser Technologie zum Siegeszug und nahezu alle besseren Unterhaltungsgeräte besitzen heute eine Infrarotschnittstelle. Die vormals eingesetzten Ultraschall-Fernbedienungen konnten sich nicht durchsetzen, sie erwiesen sich als recht unzuverlässig. Weniger bekannt ist, dass über den Infrarotsensor nicht nur die üblichen Bedienkommandos übermittelt werden, auch interne Systemeinstellungen (Bildröhrenabgleich, länderspezifische Einstellungen wie NTSC- oder PAL-Standard dgl. mehr) werden über ihn unmittelbar nach der Gerätemontage eingespielt. Das ist auch der Grund dafür, dass sich einige Fernbedienungen in einen undokumentierten. »Service Mode« schalten lassen, mit dem die Grundeinstellungen des Herstellers wieder verändert werden können.

Daneben benutzen zahlreiche Handys, Laptops und PDAs die Infrarottechnik zur Datenübermittlung. Dabei kommt ausschließlich das IRDA-Übertragungsformat zum Einsatz, das einen eigenen Übertragungsstandard nutzt. Eine Kompatibilität zwischen PWM-Fernsteuerungen und dem IRDA-Verfahren besteht nicht, bei der Entwicklung legte man sogar auf möglichst geringe gegenseitige Beeinflussung Wert. Wird die IRDA-Schnittstelle eines PC´s aktiviert, hält sie ständig nach Gegenstationen Ausschau. Ist ein weiteres, IRDA-bestücktes Gerät in Reichweite des Sensors, wird automatisch ein Datenlink in beide Richtungen aufgebaut. Jetzt können Programme, Telefonnummern oder E-Mails zwischen den beiden Geräten überspielt werden.

Abb 5.01: Infrarotbake eines Nahverkehrsunternehmens, zur Kommunikation mit vorbeifahrenden Bussen und Strassenbahnen

Auch der öffentliche Personen-Nahverkehr nutzt die IR-Technik. So fallen an einigen Bushaltestellen kleine Kästchen auf, die in zwei Metern Höhe angebracht sind. Bei näherer Betrachtung kann man IR-Leuchtdioden erkennen. Es handelt sich um Infrarot-Baken, die durch ein Infrarotsignal eines vorbeifahrenden Fahrzeuges aktiviert werden und ihre Statusinformation zurücksenden. Die Fahrzeuge sind dazu ebenfalls mit einem IR-Transceiver ausgerüstet, das kaum sichtbar in deren Karosserie eingebaut ist. Kommen Bus oder Trambahn an einer solchen Bake vorbei, übermittelt sie ihren eingespeicherten Datensatz. Auf diese Weise werden Haltestellenname oder Tarifzone an das Fahrzeug übermittelt, was wiederum die Fahrkartenentwerter oder die automatischen Durchsagen in den Fahrzeugen ansteuert.

Weitere Anwendungen sind auch das automatische Auslesen des elektronischen Fahrtenbuches oder des Fehlerspeichers. Ein IR-Transceiver sitzt in solchen Fällen an der Einfahrt des Betriebshofes und nimmt mit jedem zurückkehrenden Fahrzeug kurzzeitigen Kontakt auf. Die gewonnenen Fahrzeugdaten werden direkt zum PC des Wagenmeisters geleitet, der ggf. aufgetretene Fehler oder notwendige Kundendienste sofort einleiten kann.

Auch in zahlreichen Haushaltsgeräten schlummern Infrarotschnittstellen. Sie dienen beispielsweise zum Aufspielen neuer Firmware (etwa mit optimierten Waschprogrammen). So kann sich unter dem Bedienfeld eines Haushaltsgerätes eine IRDA-Infrarotschnittstelle verbergen. Der Servicetechniker stellt dazu einfach sein Laptop in unmittelbare Nähe und überspielt die neue Software. Das kommt häufiger vor, als man denkt und wird oft im Rahmen einer notwendigen Reparatur mit erledigt.

Auch die Motorelektronik moderner Kraftfahrzeuge wird auf diese Weise regelmäßig mit neuester Software versorgt.

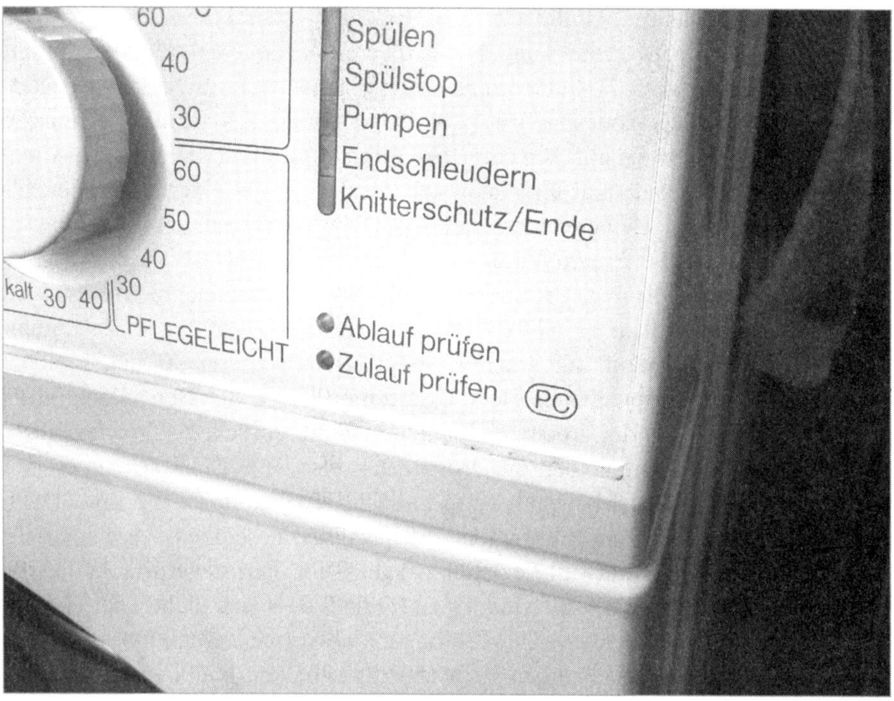

Abb 5.02: Die IR-Schnittstelle (direkt unter dem »PC«-Zeichen) dieser Waschmaschine erlaubt das Einspielen neuer Waschprogramme

5.2 Terror mit einem Schlüsselanhänger

Mit den drahtlosen IR-Schnittstellen lassen sich natürlich auch Manipulationen durchführen. Eher harmlos ist »TV b-gone«, eine Fernbedienung der besonderen Art, die ein Amerikaner im Kampf gegen unerwünschte Musik- und Videoberieselung herausbrachte. Immer mehr Bürger fühlen sich mittlerweile massiv durch die zahlreichen Videodarbietungen belästigt. Muss man unbedingt MTV sehen, wenn man eine neue Jeans anprobiert? Noch penetranter sind Fernseher in Kneipen, die oft jede Unterhaltung unmöglich machen. Des Rätsels Lösung: die Infrarotschnittstelle der Geräte! Nahezu jeder Fernseher ist heute mit einer Fernbedienung ausgerüstet, die auf Basis einfacher Datentelegramme arbeitet. Was liegt also näher, als die störenden Geräte auf diesem Wege einfach abzuschalten?

In der Praxis ist das freilich nicht ganz einfach. Universalfernbedienungen werden heute in jedem Supermarkt angeboten, die zeitraubende Einstellprozedur auf das eigene Fernsehgerät lässt allerdings schon erahnen, dass es zahlreiche unterschiedliche Fernsteuercodes geben muss. Und genau das ist das technische Problem, das es zu lösen gilt. Ein einfacher Mikrocontroller (wie etwa ein Atmel AT 90S2313 für gerade mal 2 €) lässt sich zusammen mit einer Infrarotleuchtdiode und einer Batterie bereits zu einer vollständigen Fernsteuerung kombinieren. Kernpunkt ist das Programm des intelligenten Bausteines, das die Leuchtdiode zur Aussendung des gewünschten, infraroten Datentelegramms bringen muss. Genau genommen besteht dieses aus infraroten Lichtblitzen bestimmter Länge und Kombination mit einer Grundpulsfrequenz von 30 bis 56 kHz. Natürlich gibt es entsprechende Herstellernormen, denn alle Hersteller greifen auf Standardchipsätze der großen Halbleiterhersteller zurück. Zahlreiche Protokollvarianten erschweren aber die Vorgehensweise, ein Klassiker unter den Fernsteuerprotokollen ist beispielsweise das RC5-Protokoll von Phillips. Doch bereits die Firma Sony, ein Riese im Unterhaltungsgerätesegment, verwendet ihr eigenes Protokoll! Mittlerweile existieren zahlreiche Fernsteuerprotokolle, die allesamt im praktischen Einsatz sind. Dazu kommt, dass sich nicht jeder Gerätehersteller peinlich genau an die Empfehlungen der Normen halten muss. Möchte man jetzt also einen x-beliebigen Fernseher ausschalten, bleibt nichts anderes übrig, als alle in Frage kommenden Ausschaltsequenzen sämtlicher Hersteller nacheinander auszugeben. Im Falle unserer »Spezialfernbedienung« werden auf Knopfdruck immerhin einige Dutzend unterschiedliche Codes »abgefeuert«, die aneinandergereiht über eine Minute Sendezeit haben!

Erschwerend kommt hinzu, dass in Europa, Asien und Amerika völlig unterschiedliche Hersteller und Typen von Fernsehern auf dem Markt sind. Würde man jetzt sämtliche Codes im Speicher der Fernbedienung ablegen, würde die

Aussendung noch länger dauern. Daher werden vom Hersteller unterschiedliche Typen für den jeweiligen Kontinent angeboten.

In der Praxis funktioniert der kleine Begleiter in Form eines Schlüsselanhängers meist, aber nicht immer. Ein großer Grundig-Fernseher im Wohnzimmer eines Bekannten weigerte sich jedenfalls standhaft, dem infraroten Ausschaltbefehl Folge zu leisten. In größeren Räumlichkeiten kommen noch die recht ungünstigen technischen Rahmenbedingungen dazu. Oft genug hängen die lärmenden Bildschirme an der Decke oder deren Infrarotsensoren sind verdeckt. Funktioniert es im Einzelfall nicht, kann man nur vermuten, ob es an mangelnder Geduld (eine Minute unter Beobachtung kann recht lang sein!), ungünstigen optischen Verhältnissen oder fehlenden Codes liegt.

Abb 5.03: TV B-gone im Einsatz, sobald der Knopf gedrückt ist, werden Dutzende verschiedener IR-Sequenzen »abgeschossen« mit dem Ziel, Fernsehgeräte zum Schweigen zu bringen

Die erzielbaren Effekte sind allerdings verblüffend: Ganze Fernsehwände (baugleiche Geräte, die in den Verkaufsräumen zu Türmen aufeinander gestellt werden) schalten sich zeitgleich ab, was für lange Gesichter bei Personal und Kunden sorgt. Auch die zahlreichen Fernseher in Baumärkten mit ihren nervenden, sich immer wiederholenden Werbevideos lassen sich schnell zum Schweigen bringen. Aber Achtung, man macht sich keinesfalls nur Freunde mit seinem kleinen Begleiter: Alkoholgetränkte Kneipenbesucher reagieren aggressiv, wenn die Mattscheibe über der Theke immer wieder schwarz wird. Man wundert sich nicht nur über die menschlichen Reaktionen, sondern realisiert wird die mittlerweile enorme Verbreitung der Farbbildschirme.

Eine weitere Variante »TV B-gone plus« kann die Fernsehgeräte nicht nur ausschalten, sondern übernimmt darüber hinaus Lautstärke- und Programmfunktionen. Dazu wird eine Funktionstaste gedrückt, worauf wieder die unterschiedlichen Sequenzen durchgespielt werden. Kommt es zu einer Reaktion des TV-Gerätes, lässt man die Taste los, das richtige Gerät ist jetzt eingestellt. Mit den anderen Befehlstasten lassen sich Programme umschalten oder die Lautstärke verstellen.

Abb 5.04: Mit dieser Variante können auch Programmauswahl und Lautstärke des Fernsehers beeinflusst werden

5.3 Lernfähige IR-Fernbedienungen

Neben vorprogrammierten IR-Fernbedienungen ist noch eine weiterer Typ auf dem Markt: die lernfähige IR-Fernbedienung. Dabei handelt es sich genau genommen um einen Datenrekorder, der IR-Sequenzen aufnehmen und auf Tastendruck wiedergeben kann. Solche Geräte sind unglaublich praktisch, denn man kann mit ihnen verschiedenste Geräte fernsteuern. Zum »Erlernen« des Codes wird ein solches Gerät auf »Lernen« geschaltet und mit der Originalfernsteuerung ein Fernsteuerbefehl abgesendet. Ein IR-Fototransistor in der lernfähigen Ausführung liest die infraroten Sequenzen und speichert sie in digitaler

Form auf dem integrierten Speicherbaustein. Der neue Code ist jetzt gespeichert und steht auf Tastendruck zur Verfügung.

Als einige Kfz-Hersteller vor mehreren Jahren die ersten drahtlosen Türverriegelungen auf den Markt brachten, wurden diese mit IR-Fernbedienungen betätigt. Es dauerte nicht lange, da wurden die ersten Autos ausgeräumt, irgendwelche Einbruchsspuren gab es nicht! Kriminelle hatten die IR-Sender am Schlüsselbund mit lernfähigen Fernbedienungen kopiert und die Autos in einem unbeobachteten Augenblick geöffnet. Mittlerweile haben alle Fahrzeughersteller ihre Kfz-Schließsysteme gegen derart einfache Manipulationen geschützt. In anderen Bereichen werden aber immer noch recht simple IR-Fernbedienungen genutzt. Viele Haushaltsgeräte oder einfache Alarmsysteme lassen sich also weiterhin mit einer lernfähigen Fernbedienung überlisten, wenn es gelingt, deren IR-Fernsteuersender in einem unbeobachteten Augenblick zu kopieren.

Abb 5.05: Diese lernfähige IR-Fernbedienung von Mitshubishi ist zwar relativ groß, kann aber 15 IR-Kommandos »erlernen« und eignet sich daher bestens für Manipulationsversuche

5.4 IR-Störsender blockiert Schnittstelle

Während alle bisher vorgestellten IR-Fernsteuerungen mit normgerechten Code-Sequenzen arbeiten, gibt es auch echte IR-Störsender. Dabei handelt es sich um relativ einfache Schaltungen, die infrarote Impulse aussenden und damit jeden IR-Empfänger blockieren. Jegliche Fernsteuerfunktionen werden damit wirksam unterdrückt. Die nachfolgende Schaltung arbeitet mit einem preiswerten NE555 Timerbaustein, dessen Pulsfrequenz mit dem Potentiometer auf der IR-Trägerfrequenz (diese kann zwischen 30 und 60 kHz liegen!) der zu störenden IR-Fernsteuerung einzustellen ist. Erst dann ist eine hohe Wirksamkeit der Störmaßnahme garantiert.

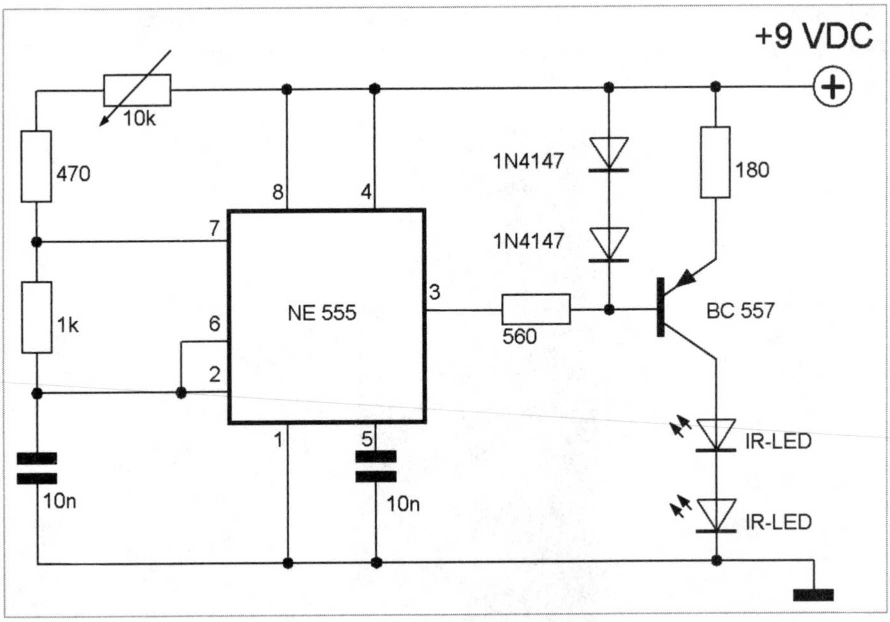

Abb 5.06: Schaltbild eines IR-Jammers mit einer Reichweite von einigen Metern.

5.5 IR-Detektoren

Um infrarote Lichtpulse zu erkennen, ist unser Auge leider nicht geeignet, daher muss man auf IR-Detektoren zurückgreifen. Zur Sichtbarmachung eignen sich beispielsweise chemische Präparate, die unter IR-Licht zu leuchten beginnen. So genannte »Infrarot Testkarten« (in unterschiedlichen Varianten mit verschiedenen Wellenbereichen) werden im Elektronik-Fachhandel zum Testen von IR-

Systemen angeboten. Da infrarotes Licht gerne auch für Kamerasysteme und Nachtsichtgeräte verwendet wird, haben IR-Detektoren im militärischen Bereich ihren festen Platz. Einige Ferngläser des ehemaligen Warschauer Paktes haben neben den obligatorischen Strichplatten zur Entfernungsmessung daher auch IR-Detektoren auf Basis chemischer Präparate in ihr Sichtfeld eingeblendet. Unter dem Einfluss des IR-Lichtes beginnen sie zu leuchten und warnen die Soldaten vor gegnerischen Aufklärungsversuchen.

Mit Hilfe von IR-empfindlichen Fototransistoren lassen sich elektronische Varianten aufbauen. Zu beachten ist wieder die genutzte IR-Wellenlänge und die Trägerfrequenz. Die Bauelemente der TSOP17xx-Serie werden für Trägerfrequenzen von 30 bis 56 kHz hergestellt (xx bezeichnet die Trägerfrequenz). Der Baustein TSOP1736 unterstützt damit ganz besonders das RC5-Verfahren, das mit einer PWM-Trägerfrequenz von 36 kHz arbeitet. Andere Trägerfrequenzen werden ebenfalls detektiert, aber durch das integrierte Signalfilter deutlich abgeschwächt.

Abb 5.07: TSOP1736 ist ein für 940 nm Wellenlänge und 36 kHz Trägerfrequenz optimierter IR-Empfänger mit eingebautem Vorverstärker (Betriebsspannung: 5 VDC)

6 Rundfunk und Fernsehen

Fernseh- und Rundfunkanstalten greifen in hohem Maße auf drahtlose Übertragungsverfahren zurück. Das beginnt bereits bei der Verwendung von Funk-Mikrofonen auf der Bühne.

6.1 Funkmikrofone

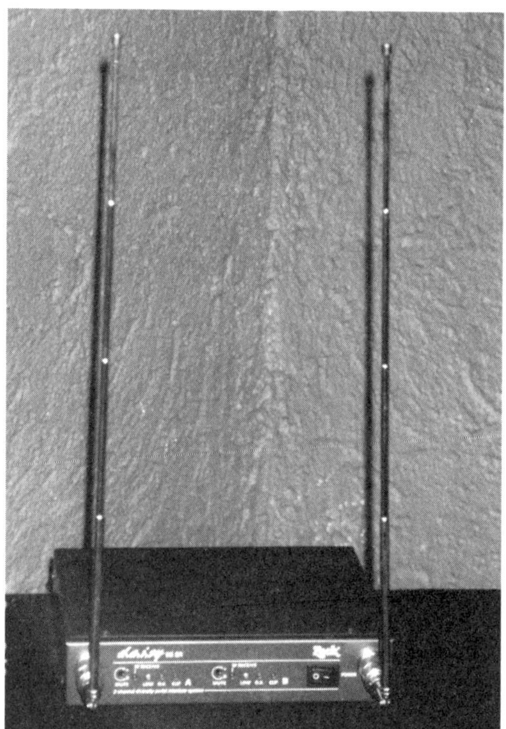

Abb 6.01: Zahlreiche Funkmikros arbeiten auf ISM-Frequenzen in FM und sind allgemein zugelassen. Das Bild zeigt den zugehörigen Empfänger mit zwei Antennen nach dem Diversity-Verfahren

Diese können bis zu einer Entfernung von einem Kilometer mit jedem handelsüblichen Scanner empfangen werden. Übliche Frequenzbereiche sind 863 bis

865 MHz, 433,05 bis 434,79 MHz und 29,7 bis 47,0 MHz. Bedarfsträger (Rundfunk- und Fernsehanstalten) mit Genehmigung arbeiten gelegentlich auch auf regional ungenutzten Fernsehkanälen des terrestrischen Fernsehens.

6.2 Rundfunk- und TV-Überspielungen

Häufig werden die Sendungen direkt oder im Übertragungswagen bereits vor verarbeitet vom Ort des Geschehens ins Studio übertragen. Das fand ursprünglich auf speziellen Telefonleitungen, den »Rundfunkleitungen« statt. Dabei handelte es sich um Leitungen mit besonders guten Übertragungseigenschaften, die vor jeder Verwendung nochmals durchgemessen wurden. In das flächendeckende Rundfunkleitungsnetz war jede größere Stadt und alle Sendeanlagen eingebunden. Sie wurden zusammen mit den Telefonleitungen in größere Vermittlungsstellen geführt, wo Verstärker die Signale regenerieren und verstärken konnten.

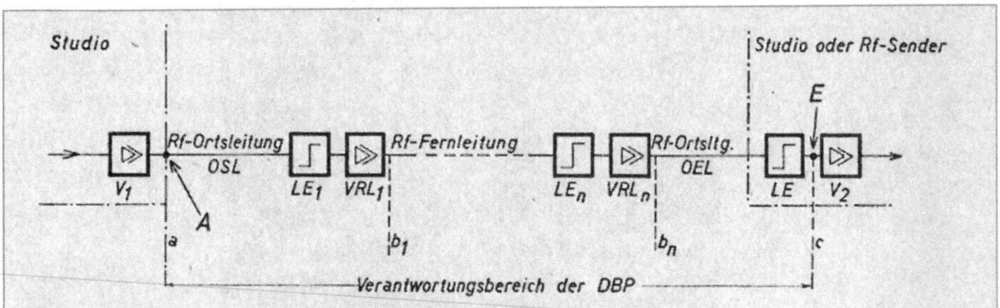

Bild 1. Schema einer Rf-Leitungsverbindung

A	= *Anfang der Rf-Leitungsverbindung*
E	= *Ende der Rf-Leitungsverbindung*
$a; b_1 \ldots b_n$	= *Pegelpunkte*
c	= *postalischer Meßpunkt*
V_1	= *letzter Verstärker im sendenden Studio*
$VRL_{1 \ldots n}$	= *Rf-Leitungsverstärker*
$LE, LE_{1 \ldots n}$	= *Rf-Leitungsentzerrer*
V_2	= *erster Verstärker im empfangenden Studio oder Sendereingangsverstärker beim Rf-Sender*

Abb 6.02: Blockschaltbild aus den 50er Jahren, auch heute gibt es noch Rundfunkleitungen zur Direktüberspielung von Sendungen

Über dieses Netz wurden auch die zahlreichen Rundfunksender mit der Modulation gespeist. Bereits in den 30er Jahren existierte in Deutschland eine flächendeckende Rundfunkversorgung mit MW-Sendern.

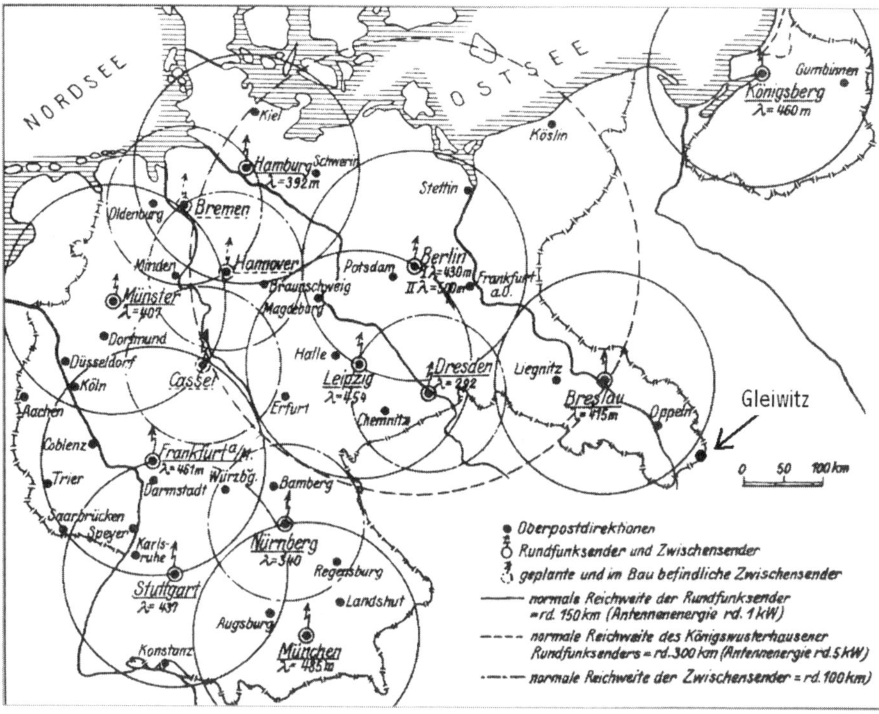

Abb 6.03: Übersichtskarte aus den 30er Jahren, alle Sender waren über das Rundfunkleitungsnetz miteinander verbunden

Am 30.August 1939 um 20.00 h kam es zu einer Sabotageaktion am damaligen Nebensender Gleiwitz direkt an der deutsch-polnischen Grenze, sie sollte in die Weltgeschichte eingehen. Es wurde ein polnischer Überfall auf die deutsche MW-Radiostation inszeniert. SS-Männer in Zivilkleidung drangen in das Sendegebäude ein, sperrten das Personal in den Keller und trennten die Modulationsleitung vom Sender. Danach schlossen sie das sog. »Sturmmikrofon« (die einzige Möglichkeit des Personals, bei heranziehendem Gewitter den Hörern die obligatorische Senderabschaltung anzukündigen) an und verlasen in polnischer Sprache »der Sender ist in polnischer Hand...«. Die Aktion dauerte nur wenige Minuten und diente einige Stunden später als Grund für den deutschen Einmarsch in Polen, den Hitler mit den Worten »..seit 4.45 Uhr wird jetzt zurückgeschossen...« rechtfertigte. Der zweite Weltkrieg begann also mit einem Eingriff ins Rundfunkleitungsnetz...

Abb 6.04: Eine kleine Rundfunkstation, die in die Geschichte einging: hölzerner Sendeturm des ehemaligen Reichssenders Gleiwitz (heute »Gliwice«)

Abb 6.05: Ein Mitarbeiter des Museums demonstriert den Anschluss des »Gewittermikrofons« an den Modulationseingang des Senders

Abb 6.06: Das Sendegebäude, der 110 Meter hohe Sendeturm aus Holz und Reste der damaligen Sendertechnik sind heute ein Museum.

Abb 6.07: Auch heute werden noch Rundfunkleitungen betrieben, das Bild zeigt den Übergabepunkt in einer kleineren UKW-Rundfunkstation

6.3 TV-Richtfunkstrecken

In den 50er Jahren wurde das Rundfunkleitungsnetz durch analoge Richtfunkstrecken ergänzt, zahlreiche Fernsehtürme wurden gebaut und trugen die schweren Parabolantennen.

Bis zum heutigen Tage wird Deutschland von einem Netz von analog und digital arbeitenden Richtfunkstrecken überzogen, auf denen Telefon- Rundfunk und Videoübertragungen stattfinden. Der Empfang analoger Richtfunkstrecken im 2,4 GHz-Band ist innerhalb der Übertragungsstrecke problemlos möglich. Zum Empfang von Videoübertragungen eignen sich beispielsweise Prüfempfänger, wie sie zum Einmessen analoger TV-Satellitenanlagen verwendet werden, mit vor geschaltetem Arabsat-Konverter.

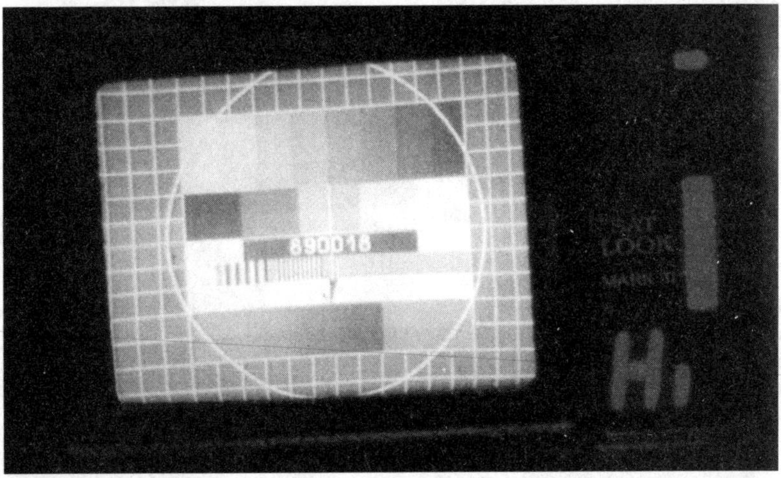

Abb 6.08: Videobild einer analogen 2,4 GHz TV-Übertragungsstrecke. Wenn nichts übertragen wird, läuft ein Testbild mit einer Kennziffer

6.4 Satellitenübertragungen

Wegen der hohen Flexibilität arbeitet man heute gerne mit Satellitenübertragungen. Dazu ist vor Ort ein Übertragungswagen erforderlich, der die gesamte Technik einschließlich Satellitenantenne an Bord hat. Vor der Übertragung muß bei einem der zahlreichen Satellitenbetreiber ein Übertragungskanal für den gewünschten Zeitraum gemietet werden. Vor Ort wird die Parabolantenne auf den betreffenden Satellit ausgerichtet, sowie Kanal und alle erforderlichen Parameter eingestellt. Die Gegenstelle (beispielsweise das Sendestudio) hat ebenso zu verfahren, hier stehen meist ortsfeste Antennen und Übertragungseinrichtungen zur Verfügung.

Für derartige TV-Übertragungen können grundsätzlich alle TV-Satelliten genutzt werden. Fast alle Betreiberfirmen (beispielsweise *www.eutelsat.com*) bieten auf Internetseiten ihre Dienstleistungen an und verdienen mit Videoüberspielungen ordentlich Geld. Auch auf den sehr populären Satellitensystemen Astra und Hotbird sind immer wieder analoge Überspielungen zu sehen. Diese werden im Branchenjargon als »Feed« bezeichnet. Dennoch schreitet die Technik weiter fort, immer häufiger werden die Übertragungen digital (und ggf. verschlüsselt) übertragen.

Abb 6.09: SNG (Satellite News Gathering)-Fahrzeuge können mit ihren Einrichtungen die Satellitentransponder nicht nur empfangen, sondern auch einspeisen.

Zum Empfang genügen ganz normale analoge/digitale Satellitenreceiver und am besten eine drehbare Parabolantenne. Da Kameras und Satellitenübertragung lange vor der eigentlichen Übertragung aktiviert werden, kann man gelegentlich interessante Dinge beobachten. Deutsche Politiker, die sich auf ein »spontanes« Interview vorbereiten, oder vertraute Nachrichtensprecher, die vor der Sendung noch Witze machen!

Natürlich werden auch Daten über Satellitenstrecken gesendet. Einige Internetdienste nutzen den Downlink zur Versorgung ihrer Kunden, was sich in Gebieten ohne DSL-Versorgung anbietet. Auch auf den Vordächern vieler Tankstellen sind sendefähige Parabolantennen zu sehen.

Abb 6.10: Mobiler Bankomat in Chile, die Kontodaten kommen direkt vom TV-Satelliten!

6.5 Analoge Reportagezuspielungen

Analoge Zuspielungen über Funk sind aus den Anfangszeiten des Rundfunks gut bekannt. Sog. Reportagesender ermöglichten eine mobile Berichterstattung direkt zum Funkhaus. Die Reichweite eines tragbaren Tornister-Kurzwellensenders (2,5 bis 3,6 MHz) mit 0,4 Watt betrug über 1 km, er konnte auf dem Rücken getragen werden.

Abb 6.11: Einsatz eines mobilen Reportagesenders von Telefunken auf den Nürnberger Reichsparteitagen in den 30er Jahren

Auch heute werden noch Zuspielungen auf diese Weise durchgeführt, allerdings auf Betriebsfunkfrequenzen in den Frequenzbereichen 4m und 2m in FM. Für komfortables Arbeiten steht neben dem eigentlichen (breitbandigen) Übertragungskanal zum Sender auch ein Rückkanal zur Verfügung. Gerade für private »Stadtsender« stellen Direktzuspielungen eine preiswerte Live- Übertragungsmöglichkeit bei regionalen Ereignissen dar. Es werden Frequenzen im Bereich

160.xx und 78.xx MHz genutzt. Abhörschutz besteht keiner, sogar die Gefahr eines aktiven Angriffes während einer Live-Übertragung besteht.

Abb 6.12: Übertragungswagen mit Antennenmast und vertikalem Dipol, links daneben ein SNG mit einklappbarer Parabolantennen

6.6 RDS- der unsichtbare Datenstrom

Bereits vor vielen Jahren machte man sich darüber Gedanken, wie man den Rundfunkprogrammen zusätzliche Begleitinformationen auf den Weg geben könnte: So etwa die aktuelle Uhrzeit, Verkehrsmeldungen oder die Titel gerade abgespielter Musikstücke. Das Problem wurde gesamteuropäisch gelöst und heißt RDS.

Erste Anfänge wurden mit der Einführung des ARI-Systems gemacht, das immerhin schon eine automatische Erkennung von Verkehrsfunksendern und das Durchschalten von Verkehrsmeldungen ermöglichte. Im Zeitalter der Datentechnik stellt man heute aber weitere Anforderungen und so entstand das Radio-Daten-System (kurz RDS), dessen Wurzeln bis auf das Jahr 1976 zurückgehen. Heute hat sich das Verfahren europaweit durchgesetzt, ist genormt und wird von vielen Sendeanstalten verwendet.

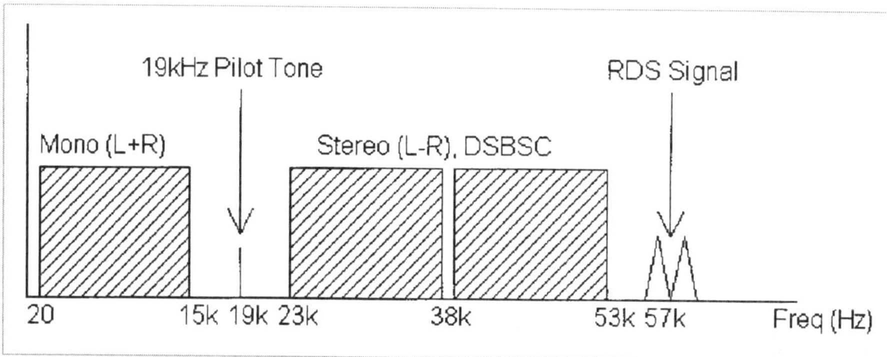

Abb 6.13: Die RDS-Daten mischen sich unhörbar unter das Spektrum eines UKW-Stereosignales

Doch wie funktioniert RDS und wie kommen die zusätzlichen Informationen zum Empfänger? Dazu wird ein digitaler Datenstrom mit den Begleitinformationen dem Trägersignal des Rundfunksenders über einen 57 kHz-Hilfsträger aufmoduliert. Somit werden also parallel zum Hörprogramm ständig Digitaldaten mit einem Durchsatz von 1187,5 bits/sec zum Empfangsgerät übertragen. Um ein europaweites Funktionieren des RDS-Verfahrens zu gewährleisten ist aber nicht nur das Übertragungsverfahren, sondern auch Art und Menge der Nachrichtentypen festgelegt. Die wichtigsten RDS-Nachrichtentypen sind:

CODE	*Bedeutung*
PS	Programm Name
PI	Programmkettenkennung
TP	Verkehrsfunkkennung
TA	Verkehrsdurchsagekennung
AF	Alternativfrequenzen
EON	Erweiterte Informationen über andere Programmketten
TMC	Verkehrsdurchsagekanal

Somit ist nicht nur die Anzeige des Sendernamens am Empfangsgerät möglich, sondern auch ein Sprung auf alternative Sendefrequenzen bei Empfangsstörungen, wie wir es vom Autoradio her kennen. Die Möglichkeiten von RDS sind vielfältiger, als zunächst vermutet. So werden aktuellen Verkehrs-Staumeldungen über den RDS-Datenkanal zum Fahrzeug übertragen und dem Navigationsgerät zugespielt, dieses kann eine neue Route berechnen. Sogar gezielte Personenrufe oder die zuverlässige Fernsteuerung abgesetzter Rundfunksender (sog. Füllsender) wären mit RDS möglich. Über sog. Dienstkanäle können Rundfunkanstalten sogar betriebsinterne Daten in beschränktem Umfang übertragen. Weniger bekannt ist, dass mit dem RDS-Verfahren sogar im Langwellenbereich gearbeitet wird (Übertragung von Differential-GPS-Korrekturdaten).

Ein Schönheitsfehler des deutschen RDS-Systems auf UKW-Frequenzen sei aber hier nicht verschwiegen: Um eine Beeinträchtigung des (derzeit noch) parallel betriebenen ARI-Systems auszuschließen, werden alle RDS-Daten nur mit einem Frequenzhub von 1,2 kHz aufmoduliert, im europäischen Ausland dagegen mit bis zu 4 kHz. Der Effekt wird schnell deutlich: Ist der Empfang des UKW-Signals nicht vollkommen rauschfrei, kommt es schnell zum Ausfall des RDS-Signals und zur Darstellung verstümmelter Zeichen, wie man es im Autoradio oft feststellen kann. Ausländische Sender erzeugen bedingt durch den größeren Frequenzhub wesentlich stärkere RDS-Datensignale am Empfänger und die Datenerkennung wird auch schon bei bei schwachem Sendersignal möglich.

Abb 6.14: Der »RDS-Manager« wurde nach einer Modifikation zur universellen RDS-Datenschnittstelle. Er ist leider nicht mehr lieferbar und nur noch auf Flohmärkten erhältlich

Conrad-Elektronik bot lange Zeit den »RDS-Manager« an, ein kleines Zusatzgerät, das an die Nf-Ausgangsbuchse eines Rundfunkempfängers angeschlossen werden muss. Aus dem dort entnommenen Nf-Spektrum filtert er schließlich den RDS-Datenstrom wieder aus und zeigt die gewünschten Informationen auf einem LCD-Display an. Im Gegensatz zu vielen Rundfunkempfängern kann der Dekoder beispielsweise auch die Alternativfrequenztabelle eines Rundfunksenders anzeigen. Für dieses Gerät gibt es vom UKW-TV Arbeitskreis der AGDX eine interessante Modifikation: Mit nur einem IC und einer 9pol-Buchse ist die direkte Verbindung mit der seriellen Schnittstelle eines PCs möglich. Spezielle PC-Software erlaubt dann die komplette Auswertung und Dokumentation aller empfangenen RDS-Daten.

Neben PI-Code und Sendername werden hier auch die Liste der Alternativfrequenzen, der übertragene Radiotext und die aktuelle Bitfehlerrate angezeigt

```
+-----------------------------------------------------------------------+
¦PI: D 318¦TP:*TP*¦TA: no ¦PTY:_POP_M__ (10)¦M/S:Musik
¦Decoder:1000¦  19:52:38
+-----------------------------------------------------------------------¦
¦PS: ANTENNE
+-----------------------------------------------------------------------¦
¦Group 14A  :
¦AF-List EON:
+-----------------------------------------------------------------------¦
¦  13<103.30 100.20  99.00 100.20  99.00  92.60 104.40 101.10 103.30 100.20
¦   13<99.00 106.00 104.20 101.30 102.00
¦   13< 103.80  92.60 104.40 107.70 102.70 101.30 102.00 100.20  99.00 106.00
¦   13< 103.80 107.70 102.70 101.30 102.00
¦   13< 103.80 107.70 102.70 101.10 103.30 106.00 104.20
¦   13< 103.80  92.60 104.40 101.30 102.00 101.10 103.30 101.10  91.40
¦   13< 103.80  92.60 104.40 107.70 102.70 101.30 102.00 101.10 103.30
¦   13< 103.80  92.60 104.40 107.70 102.70 105.90 106.60 107.70 102.70 101.10
¦+----------------------------------------------------------------------¦
¦Radiotext:
Love-Line auf Antenne Bayern - Ich hab Dich gern
+-----------------------------------------------------------------------¦
¦Errors: 00200?200?122?20002002022240251000220020  ¦
QL:  62%¦SYNCH   ¦
+-----------------------------------------------------------------------¦
¦ C(L)S   (C)hange screen   (S)ave   Set(U)p   (I)nfo   E(X)it        ++
```

6.7 Vertrauliche Informationen im TV-Synchronsignal

In vielen öffentlichen Datenübertragungen schlummern verborgene Informationen, auch in ganz gewöhnlichen Fernsehsignalen. Das Fernsehsignal PAL besteht aus 625 Zeilen, von denen die ersten 22 und die letzten 2,5 Zeilen nicht auf dem Bildschirm dargestellt werden. Dieses »vertical blancing interval«

(kurz: VBI) wird seit vielen Jahren dazu genutzt, diverse Begleitinformationen zu übertragen wie beispielsweise VPS oder Videotext. Doch es könnte noch viel mehr Information übertragen werden. Ein erster Vorreiter war hier der WDR-Computerclub, der über dieses Verfahren seinen Zuschauern Programmdownloads mit 4800 bit/s ermöglichte. Dazu benötigte man ein spezielles Modem (»Videodat«), welches die Daten aus dem Videosignal wieder herausfilterte. Offenbar wurde das Verfahren zeitweise von Ladenketten zur Übertragung aktueller Preisinformationen zu den Filialen genutzt. Mittlerweile ist Empfang und Dekodierung des »Intercast-Verfahrens« mit gewöhnlichen TV-Karten und spezieller PC-Software möglich. Das Übertragungsverfahren hat zwar an Bedeutung verloren, wird aber immer noch für Spezialanwendungen genutzt.

7 Angriff auf Funkanlagen

Drahtlose Anwendungen sind seit jeher besonders abhör- und manipulationsgefährdet. So läßt sich die Reichweite von Funkwellen prinzipiell nicht begrenzen und unerwünschte Mitnutzer nicht ausschließen. Zu unterscheiden sind passive und aktive Angriffe auf Funkverbindungen und -netze.

7.1 Abhören schnurloser Telefone

Besonders einfach lassen sich schnurlose Telefone alter Bauart (mit analoger Sprachübertragung nach CT-1 und CT-1+ Standard) belauschen. Mit beinahe jedem Funkscanner und einfacher Antenne lassen sich die Gespräche auf den Frequenzen (930 bis 932 MHz) im Umkreis von einem Kilometer abhören. Bei Verwendung spezieller Antennen ist der ungewollte »Aktionsradius« eines Schnurlos-Telefons noch wesentlich höher. Durch Verwendung eines DTMF-Dekoders lassen sich sogar gewählte Rufnummern oder Zugangscodes zu Anrufbeantwortern direkt anzeigen.

Abb 7.01: Ein DTMF-Dekoder mit direkter LDC-Anzeige zur Dekodierung empfangener Tomfolgen eignet sich gut zum Visualisieren von Telefonnummern

Um gegenseitige Beeinflussung und die Abhörgefahr von Schnurlostelefonen zu reduzieren, wurde schließlich das europaweit genormte DECT-Verfahren entwickelt. Es setzt die analogen Sprachsignale in Digitalwerte um, die dann mit einer Datenrate von etwa 1.2 Mbit/sec durch die Luft zum Empfangsteil übertragen werden. Um eine möglichst wirtschaftliche Nutzung der zur Verfügung stehenden 10 Betriebskanäle zu gewährleisten, wird die sog. Zeitschlitztechnik (TDMA) verwendet, d.h. es können bis zu 12 Duplex-Funkverbindungen auf jedem Kanal gleichzeitig betrieben werden, jedem Teilnehmer steht ein (periodischer wiederkehrender) Zeitschlitz zur Verfügung, auf dem er seine digitalen Nachrichten absenden und empfangen kann. Das Verfahren ähnelt sehr stark jenem Übertragungsverfahren, das auch im GSM-Mobilfunkstandard Anwendung findet.

Bisher werden keine Dekoder auf dem Markt angeboten, die eine Digital-Analog-Umsetzung und damit ein Mithören der digitalen Bitströme ermöglichen. Fraglich ist, ob sich herkömmliche Scanner als Empfangsgeräte überhaupt eignen, denn die Bandbreite der digitalen DECT-Aussendungen überschreitet die für Analogübertragungen ausgelegten Filterbandbreiten erheblich. Die Abhörsicherheit von DECT ist bisher also noch recht gut einzustufen, für Geheimdienste dürfte das Protokoll schon jetzt kein Problem mehr sein...

DECT-Arbeitskanäle:

0	1897.344	MHz
1	1895.616	MHz
2	1893.888	MHz
3	1892.160	MHz
4	1890.432	MHz
5	1888.704	MHz
6	1888.976	MHz
7	1885.248	MHz
8	1883.520	MHz
9	1881.792	MHz

7.2 Betriebsfunk

Die interne Kommunikation mancher Firmen erlaubt interessante Einblicke hinter deren Kulissen und kann Bestandteil einer umfassenden Betriebsspionage sein. Vor einigen Jahren schien das aufkeimende GSM-Handynetz den Betriebsfunk abzulösen. Doch der Betriebsfunk hält sich wacker. Niedrige Betriebkosten, eine verzugsfreie Sprechverbindung auf »Knopfdruck« und wenige Möglichkeiten einer unerwünschten Privatnutzung sind nur einige Argumente. Dazu kommt, dass manches Betriebsgelände keine flächendeckende GSM-Versorgung aufweist und ein Handybetrieb erst gar nicht möglich ist.

Das Abhören des Betriebsfunks kann eine lukrative Angelegenheit sein, es wurden bereits zahlreiche Fälle bekannt. Abschlepp-, Schlüsseldienste und Taxiunternehmen schnappten sich auf diese Weise gegenseitig die Aufträge weg. Dem wartenden Kunden war es dann meist egal, welche Firma zuerst da war. Größtes Problem für einen Lauschangriff ist zunächst, die genutzten Funkfrequenzen einer Firma unter den vielfältigen Betriebsfunk-Anwendungen herauszubekommen:

- Sprechfunk allgemein
- Funk-Telefonschnittstellen
- Personensuchanlagen (Piepser)
- Datenfunkeinrichtungen (Fernsteuerungen, führerlose Transportsysteme)

Frequenztabellen mit firmenbezogener Auflistung werden von der RegTP geführt und sind öffentlich nicht zugänglich. Auch die auf dem Markt angebotenen Frequenztabellen bieten nur grobe Zuteilungshinweise an. Regional genutzte Frequenzen müssen vor einem Lauschangriff also durch Scannen oder den Einsatz von Nahfeld-Frequenzzählern herausgefunden werden. Das kann in eine zeitraubende Beschäftigung ausarten, Erfahrungswerte sind hier hilfreich: Die beiden für Betriebsfunkanwendungen genutzten Frequenzbänder sind 146 bis 147 MHz (2m-Band) und 440 bis 470 MHz (70 cm-Band), hier spielen sich 95% aller Aktivitäten ab. An den Betriebsfunk-Antennen an Gebäuden und Fahrzeugen erkennt der Fachmann bereits, welches der beiden Bänder genutzt wird. Der Zeitaufwand für einen gezielten Lauschangriff kann somit bereits deutlich eingegrenzt werden. Weitere Hinweise geben die empfangenen Feldstärkewerte empfangener Aussendungen, denn in unmittelbarer Nähe des Lauschopfers sind sie besonders stark. Hier helfen Nahfeld-Frequenzzähler, die starke Trägersignale erfassen und speichern. Bei konsequenter Arbeit ist es meist nur eine Frage von Stunden, bis die genutzten Frequenzen einer Firma ausgekundschaftet sind. Die endgültige Identifikation gelingt oft genug mit dem Funk-Rufnamen, da hier immer wieder der eigene Firmennamen oder eine gedankliche Ableitung verwendet wird.

Mehrere kleinere Betriebe teilen sich meist eine Frequenz, die im Behördenjargon »Gemeinschaftsfrequenz« genannt wird. Um gegenseitige Störungen zu unterbinden, sind alle Funkgeräte mit 5-Ton Selektivrufeinrichtungen ausgestattet. Somit schalten die Lautsprecher der Funkgeräte nur nach dem Empfang ihrer zugewiesenen 5-Ton-Folge ein. Jeder Teilnehmer auf dieser Frequenz hat also eine eindeutige Selektivrufnummer! Damit ist die eigene Identifikation oder der gezielte Ruf anderer Funkteilnehmer auf dieser Frequenz möglich. Weitere Nutzer der Frequenz bekommen weder den Ruf noch das anschließende Funkgespräch mit. Nach einer erfolgreich ausgewerteten Tonfolge schaltet das Funkgerät nicht nur seinen Lautsprecher an. Der Anruf wird optisch (Ruf-Lampe) gespeichert und eine weitere 5-Tonfolge wird (optional) als Quittungssignal zurückgesendet. Die technischen Eckdaten des 5-Ton-Selektivrufes sind durch die ZVEI (Zentralverband der Elektroindustrie) seit Jahren genormt und werden von Millionen Betriebsfunkgeräten verwendet.

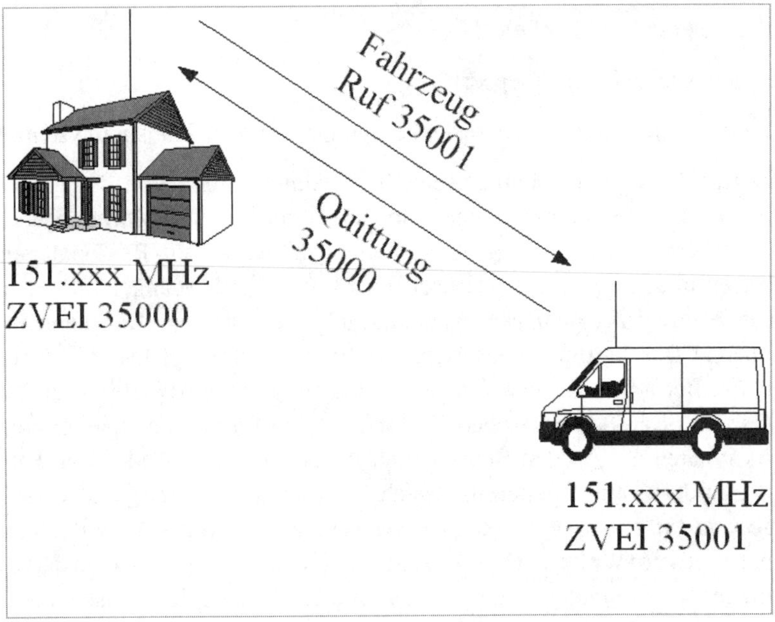

Abb 7.02: Quittungssignalfunktion: Ruft die Zentrale das Fahrzeug mit einer 5-Tonfolge, wird vom Fahrzeugfunkgerät nach erfolgreichem Empfang ein Quittungsruf zurückgesendet

Da viele der eingesetzten 5-Ton-Dekoder aus technischen Gründen nur die Frequenz der empfangenen Ruftöne und nicht deren Tonlänge auswerten, sind zwei gleiche Töne nacheinander unzulässig. Kommt also die gleiche Ziffer zweimal hintereinander vor, werden zunächst ihr eigener Ton und danach der allgemeine Wiederhol-Ton (in der Tabelle mit »E« bezeichnet) vom Tongeber übertragen.

Ton	ZVEI 1	CCIR	ZVEI 2	EEA	ZVEI 3
0	2400 Hz	1981 Hz	2400 Hz	1981 Hz	2200 Hz
1	1060 Hz	1124 Hz	1060 Hz	1124 Hz	970 Hz
2	1160 Hz	1197 Hz	1160 Hz	1197 Hz	1060 Hz
3	1270 Hz	1275 Hz	1270 Hz	1275 Hz	1160 Hz
4	1400 Hz	1368 Hz	1400 Hz	1358 Hz	1270 Hz
5	1530 Hz	1446 Hz	1530 Hz	1446 Hz	1400 Hz
6	1670 Hz	1540 Hz	1670 Hz	1540 Hz	1530 Hz
7	1830 Hz	1640 Hz	1830 Hz	1640 Hz	1670 Hz
8	2000 Hz	1747 Hz	2000 Hz	1747 Hz	1830 Hz
9	2200 Hz	1860 Hz	2200 Hz	1860 Hz	2000 Hz
A	2800 Hz	2400 Hz	886 Hz	1055 Hz	886 Hz
B	810 Hz	930 Hz	810 Hz	930 Hz	810 Hz
C	970 Hz	2247 Hz	740 Hz	2247 Hz	740 Hz
D	886 Hz	991 Hz	680 Hz	991 Hz	680 Hz
E	2600 Hz	2110 Hz	970 Hz	2110 Hz	2400 Hz
Dauer					
min.	52.5 ms	75 ms	52.5 ms	30 ms	52.5 ms
typ.	70 ms	100 ms	70 ms	40 ms	70 ms
max.	87.5 ms	125 ms	87.5 ms	50 ms	87.5 ms

Abb 7.03: Weltweit kommen unterschiedliche Rufnormen zur Anwendung, in Deutschland ist ZVEI 1 üblich

Weiterhin interessant ist auch der »Gruppenruf«, bei dem eine Gruppe von Teilnehmern gleichzeitig gerufen werden kann. Dabei wird von den Dekodern nicht die gesamte 5-Ton-Folge ausgewertet, sondern nur die ersten 3 bzw. 4 Töne. Somit lassen sich Gruppen von 100 bzw. 10 Teilnehmern gleichzeitig anrufen. Beispiel:

Gruppenruf: 9378 angesprochene Geräte: 9378**0** bis 9378**9**

Beim Identifizieren der Tonfolgen helfen PC-Programme, wie beispielsweise »Wintone«. Ein mit dem Lautsprecherausgang des Funkgerätes verbundener PC (Eingang Soundkarte) listet die dekodierten Tonfolgen (samt Uhrzeit) direkt am Bildschirm auf. Somit ist eine exakte Zuordnung einer jeden Aussendung zum Funkgerät auch für einen unerwünschten Mithörer möglich! Andere Selektivrufverfahren (CTCSS, DCS oder DTMF-Rufverfahren) kommen im Betriebsfunk bisher kaum zum Einsatz.

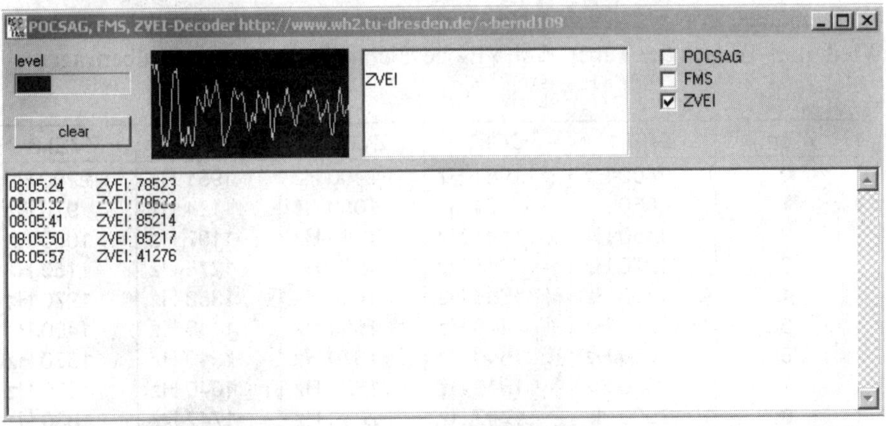

Abb 7.04: Zahlreiche PC-Programme ermöglichen Dekodierung des 5-Ton-Rufes und zahlreicher anderer Datenfunkverfahren(POCSAG, FMS)

7.3 Weitere Anwendungen von 5-Tonfolgen

Auch Sirenen und Funkwecker der Feuerwehren werden mit Hilfe von 5-Tonfolgen ausgelöst. Um Fehlauslösungen zu verhindern, folgt nach der entsprechenden 5-Ton-Folge noch ein zusätzlicher Doppelton (Tonkombination 675 und 1240 Hz). 5-Ton-Folgen eignen sich darüber hinaus sehr gut für Fernsteuerzwecke aller Art. Immer häufiger wird das Tonfolge-Verfahren (Einführung 1975) durch modernere digitale Varianten abgelöst. Die Übertragung geht hier nicht nur schneller, sondern gestattet auch die Übermittlung zusätzlicher Informationen. Als Beispiel werden an dieser Stelle die Verfahren POCSAG oder FMS genannt, die sowohl eigenständig, als auch zusammen mit Sprechfunk verwendet werden können. Während FMS gesprächsbegleitend zur Übertragung von Statusinformationen genutzt wird, kommt POGSAC bei Funkrufsystemen (Pager) zum Einsatz. Entsprechende Rufumsetzer (5Ton- auf POGSAC-Verfahren) sind bereits bei zahlreichen Feuerwehrzentralen im Einsatz und senden ihre Datentelegramme im 2m-BOS Frequenzbereich aus. POCSAG- und FMS-Datentelegramme können mit jedem Scannerempfänger und nach geschalteten PC dekodiert werden.

Abb 7.05: Mit diesem (solarbetriebenen) Schaltgerät wird die Flugwarnbeleuchtung auf dem Hochspannungsmast an- und ausgeschaltet. Dazu werden zwei 5-Tonfolgen auf einer 70cm-ISM Frequenz empfangen und ausgewertet

7.4 Personensuchanlagen (PSA) und Telefonschnittstellen

Ganz besondere Beachtung verdienen Personensuchanlagen, gerne auch »Piepser« genannt. Um innerhalb einer Firma erreichbar zu bleiben, werden neben Schnurlos- und Mobiltelefonen immer noch sog. »Piepser« eingesetzt. Die UKW-Empfänger in der Größe einer Zigarettenschachtel arbeiten auf fest eingestellter Arbeitsfrequenz. Zum Rufen der Piepser gibt es eine zugewiesene, interne Nebenstellennummer der Telefonanlage. Wird diese angerufen, tritt das Funkgerät in Aktion und sendet ein Datentelegramm an den gewünschten Piepser. Dieser reagiert mit einem lauten Alarm und die gerufene Person kann mit einem Rückruf über die Telefonanlage reagieren (Das gab es auch überregional, das »Eurosignal«-Funkrufsystem arbeitete bis Ende der 80er Jahre auf 87,5 MHz und funktionierte in weiten Teilen Westeuropas!).

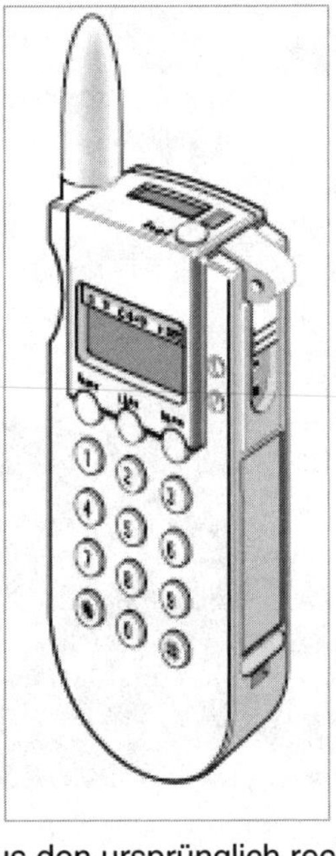

Abb 7.06: Aus den ursprünglich recht einfachen »Piepsern« entwickelten sich in den letzten Jahren Kommunikationsgeräte zahlreichen Funktionen

Die zunächst einfachen Piepser bewährten sich und werden ständig fortentwickelt. Als weitere Funktionen kamen Sprachdurchsagen und die Übermittlung und Anzeige der anrufenden Nebenstelle dazu. Somit kann der Gerufene auf seinem Display sehen, wen er zurückrufen soll. In der komfortabelsten Funktion sind die Piepser mit einer Rücksprecheinrichtung ausgerüstet, also einer eingeschränkten Telefonfunktion! Die zur Verknüpfung des festen Funkgerätes mit der Telefonanlage notwendige Funkschnittstelle kann direkt mit der ISDN-Nebenstellenanlage verbunden werden. Eine solche Funkschnittstelle kann mehrere Piepser verwalten, aber immer nur eine Verbindung führen.

Abb 7.07: Das Bild zeigt einen ISDN-Koppler eines deutschen Herstellers, der (direkt an den So-Bus einer Nebenstellenanlage angeschaltet) die Ankopplung von Funkgeräten an das Telefonnetz ermöglicht

Obwohl die Technik in den Endgeräten immer weiter fortschreitet, hat sich das sehr einfache Funkverfahren kaum weiterentwickelt. Gearbeitet wird auf zwei Betriebsfunkfrequenzen, eine im 2m-, die andere im 70 cm-Band. Innerhalb eines solchen Funksystems kann immer nur ein Gerät im Gegensprechbetrieb kommunizieren. Ruft man einen Piepser über eine Telefon-Nebenstelle an, wird dieser von der Funkschnittstelle über ein spezielles Datentelegramm gerufen. Sobald der Piepser den Ruf erkannt hat, beginnt er zu piepsen. Um die Funkverbindung aufzubauen, nimmt der mobile Nutzer den Ruf durch Tastendruck an. Der Sender des Piepsers sendet darauf hin einen DTMF-Verbindungston zur Funkschnittstelle, die Funkschnittstelle ist jetzt aktiv. Ist das Gespräch beendet, drückt der Nutzer wieder eine Taste. Erneut wird ein DTMF-Ton (Trennungston) zur Funkschnittstelle gesendet, worauf diese die Telefonleitung abschaltet. Natürlich kann auch der Piepser selbst ein Gespräch einleiten, dazu wird per Tastendruck einfach der DTMF-Verbindungston ausgesendet.

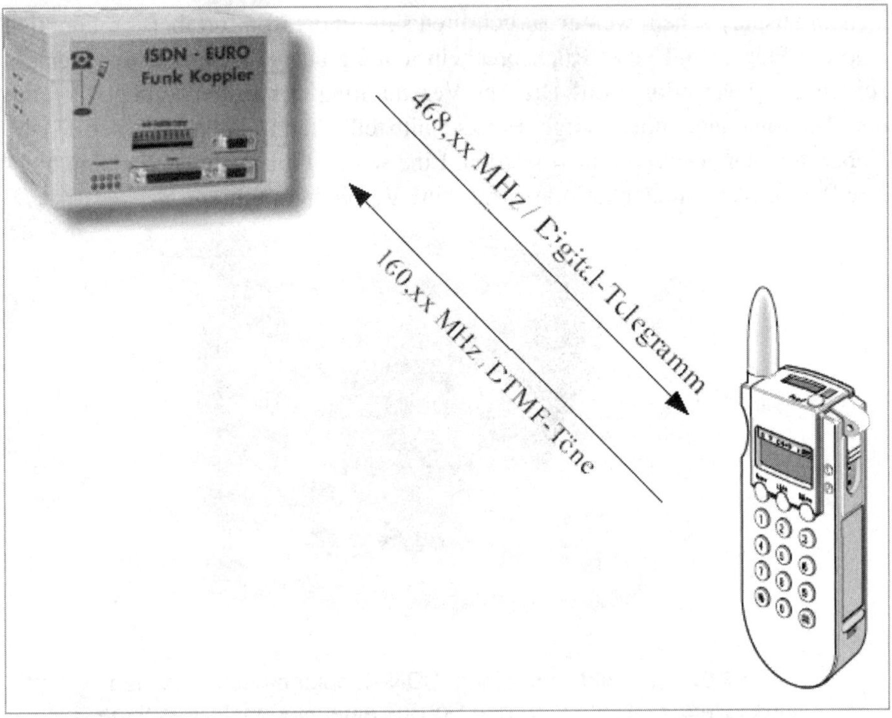

Abb 7.08: Während der Piepser über ein komplexes Datentelegramm gerufen wird, erfolgt die Kommandogabe zur Funkschnittstelle über DTMF-Töne

Schwachstelle an diesem weit verbreiteten Verfahren sind die DTMF-Kommandotöne, die auch von jedem anderen Handfunkgerät mit angeschlossener DTMF-Tastatur zur Funkschnittstelle gesendet werden können.

Daher können die Gespräche der PSA nicht nur mitgehört werden, es besteht auch noch die Gefahr eines Zugriffes auf die Nebenstellenanlage durch Unbefugte! Ist nämlich das genutzte Frequenzpaar bekannt, genügt schon ein handelsübliches FM-Duoband-Handfunkgerät mit DTMF-Tastatur zur direkten Einwahl ins firmeneigene Telefonsystem. Da die Sendeleistung eines Handfunkgerätes viel höher ist, sind Verbindungen über viele Kilometer möglich. Alle angeschlossenen Nebenstellen des Telefonnetzes können über ihre Nebenstellennummer direkt über die DTMF-Tastatur des Handfunkgerätes und völlig anonym angewählt werden. Eine Sicherheitslücke ersten Ranges!

Abb 7.09: Das ICOM IC-W32 Duoband-Handfunkgerät ist nach einer kleinen Modifikation frequenzerweitert und kann sich mit seiner DTMF-Tastatur problemlos in Telefonschnittstellen jeder PSA einwählen

Weil die meisten Funkschnittstellen mit zwei Frequenzen gleichzeitig arbeiten, müssen dem Eindringling natürlich beide vor einer ersten Verbindungsaufnahme bekannt sein. Da die Telefonschnittstelle auf ihrer Ausgabefrequenz erst dann ein Trägersignal sendet, wenn sie den Verbindungston auf ihrer Eingabefrequenz empfangen hat, kann die Ermittlung des Frequenzpaares eine zeitaufwendige Prozedur werden. Abhilfe schafft ein automatisches System, das potentielle Frequenzbereiche zyklisch durchkämmt und auf den potentiellen Kanälen kurze Verbindungstöne aussendet.

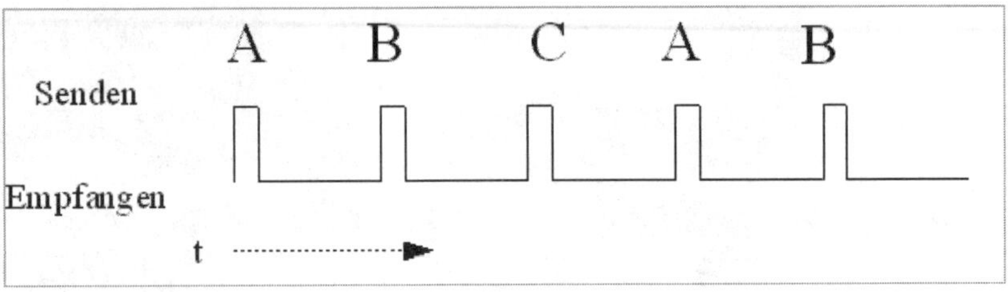

Abb 7.10: Zeitdiagramm Aktivsuchlauf: auf jedem potentiellen PSA-Kanal wird kurzzeitig der Verbindungston ausgesendet. Wurde eine Funkschnittstelle aufgetastet, wird sie in der nachfolgenden Sendepause empfangen

Abb 7.11: Mikroprozessorgesteuerter Adapter für das Funkgerät, er scannt potentielle PSA-Zugangsfrequenzen ab. Der zum Auftasten nötige Verbindungston läßt sich umschalten

Ein parallel dazu laufender Empfänger im Ausgabefrequenzbereich erfasst in den Sendepausen sofort die Trägersignale einer aktivierten PSA-Schnittstelle. Ähnlich arbeiten auch WLAN-Scanner, die Access-Points mit kurzen Datentelegrammen zum Leben erwecken und dann registrieren.

Die Reichweiten von Telefonschnittstellen sind keinesfalls nur auf deren Betriebsgelände beschränkt, sondern reichen üblicherweise einige Kilometer weit. Ein Durchwahl des Rücksprechgerätes ins öffentliche Telefonnetz ist meist gesperrt, schon um Missbrauch durch eigene Mitarbeiter zu verhindern.

Gelegentlich werden Funkschnittstellen auf Simplex-Frequenzen betrieben. Die Sende- Empfangsumschaltung erledigt dann ein sprachgesteuerter Schalter (sog. VOX), nur einer der beiden Gesprächspartner kann jeweils sprechen (Wechselsprechen). Zum Aufschalten von Funkschnittstelle genügen im einfachsten Fall feste 5-Tonfolgen oder einfach der sog. Tonruf 1 (1750 Hz) statt o.g. DTMF-Töne. Da der Anruftonfolge (bzw. dem Anrufton) in diesen Fällen keine Nachwahl der Nebenstellennummern folgt, wird ein Anruf vom Piepser immer auf den gleichen Nebenstellenapparat weitergeleitet.

8 Attacken auf die Stromversorgung

Unser komfortables Leben ist ohne eine zuverlässige Stromversorgung undenkbar. Wie abhängig wir mittlerweile von einer 24-Stunden-Stromversorgung sind, zeigen die Auswirkungen einiger Stromausfälle in den letzten Jahren. Nicht nur Computer und Telefon, sondern auch Aufzüge, Kühlschränke und ganze Fabrikanlagen versagen bei einem Stromausfall ihren Dienst. Dazu kommen Wiederanlauf-Schwierigkeiten bei zahlreichen Geräten wie Computer oder Maschinen. Manche Produktionseinrichtungen sind nach längerem Stromausfall sogar schrottreif, weil die Rohprodukte eintrocknen oder aushärten.

Lange Zeit war die öffentliche Stromversorgung dezentral organisiert. Jede Stadt oder Stadtteil hatte ihr eigenes Kraftwerk, Verbindungen untereinander waren eher selten. Auch die Stromart war regional unterschiedlich und so gab es in Deutschland noch bis in die 50er Jahre Gleichstromnetze mit 110 Volt. Mit der Normung der Stromnetze auf Wechsel / Drehstrom (Netzfrequenz von 50 Hz) und einer einheitlichen Netzspannung von damals 220 Volt war der erste Schritt zum Verbundnetz getan. Alle Kraftwerke und Regionalnetze konnten parallel geschaltet werden, was die Zuverlässigkeit erhöhen und die Leistungsfähigkeit steigern sollte. Als weiterer Schritt wurden schließlich auch mehrere europäische Länder zusammengeschaltet, das europäische Verbundnetz war geboren. Tatsächlich sind unsere Stromnetze durch das Verbundnetz relativ zuverlässig geworden, dennoch kam es in den letzten Jahren zu landesweiten Stromausfällen in den USA und Italien. Die Ursachen dafür sind nicht immer leicht zu durchschauen und werden von den beteiligten Stromversorgern gerne verschleiert.

8.1 Verwundbarkeit des öffentlichen Stromnetzes

Unser Stromnetz ist hierarchisch aufgebaut. An erster Stelle stehen »Verbundleitungen« zwischen den regionalen Stromversorgern und Großkraftwerken mit einer Spannung von 380 kV (gelegentlich auch 220 kV). Mit großen Umspannwerken werden diese auf 110 kV heruntergespannt und sorgen für die Energieversorgung eines regionalen Netzbetreibers. In zahlreichen kleineren Umspannwerken wird schließlich die Mittelspannungsebene erzeugt. Sie sorgt für die Feinverteilung der Energie und ist entscheidend für die regionale Stromversorgung. Mit einer Spannung von 20 kV (bzw. 10 kV in kleineren Netzen) wird die elektrische Energie mit Freileitungen oder in Erdkabeln weitergeleitet. Die an unseren Steckdosen anstehende Niederspannung von heute 230/400 Volt wird schließlich in kleinen Ortsnetzstationen erzeugt, die an jeder Straßenecke zu finden sind.

Die heftige Diskussion über Sinn und Unsinn der Kernkraft Ende der 70er Jahre, führte schließlich zu einer Radikalisierung der Parteien. Kernkraftwerke wurden festungsartig ausgebaut und Demonstranten stürmten mit Steinschleudern und Brandflaschen die Polizeiabsperrungen. Bald machten die sog. »Mastensäger« von sich reden, die sich an den mächtigen Stahlmasten des Verbundnetzes zu schaffen machten. Militante Kernkraftgegner wollten so große Teile der öffentlichen Stromversorgung lahm legen und den Druck auf die Öffentlichkeit erhöhen. Einige der bis zu 50 Meter hohen Gittermasten von Hochspannungsleitungen wurden buchstäblich umgesägt. Die Wirkung auf das Stromnetz war insgesamt allerdings viel geringer als sich die militanten Demonstranten erhofften und das aus zwei Gründen.

Erster Grund: Das Hochspannungsnetz wird mit zahlreichen Sensoren permanent überwacht, Leitungsunterbrechungen, Kurz- und Erdschlüsse werden sofort erkannt und Gegenmaßnahmen eingeleitet.

Zweiter Grund: Die notwendige Ausfallsicherheit erreicht man durch den »vermaschten« Betrieb, d.h. alle wichtige Verteilknoten werden immer von zwei unabhängigen Leitungen gleichzeitig versorgt. Um einen totalen Stillstand zu erreichen, müssten daher beide Leitungen zum gleichen Zeitpunkt unterbrochen werden, was in der Praxis schwer realisierbar ist.

So festigte sich bei vielen Bürgern der Eindruck, dass unser Stromnetz ziemlich unverwundbar sei. Doch das ist nur teilweise richtig, denn das öffentliche Netz hat durchaus offenkundige Schwachpunkte und diese liegen im Mittelspannungsnetz! Den zahlreichen, oft nur von Holzmasten getragenen 20kV-Freileitungen kommt besonders in der ländlichen Stromversorgung eine Schlüsselstellung zu. Einzelne Leitungen sind hier verantwortlich für die Versorgung gleich mehrere Ortschaften. Erschwerend kommen weitere Schwachpunkte dazu, aus betriebstechnischen Gründen geschieht die Energieverteilung meist über Stichleitungen mit nur einer Einspeisung pro Ort. Des Weiteren wird das 20kV-Leitungsnetz kaum überwacht. Der wesentlichste Schwachpunkt liegt aber in den zahllos verbreiteten »Mastschaltern«, mit den sich die abgelegenen Leitungen direkt am Masten abschalten lassen!

Abb 8.01: Trennstelle einer 20kV-Freileitungen, die sich oft an abgelegenen Stellen befinden

Die Abschaltung einer 20kV-Leitung erfolgt über ein einfaches Gestänge, das zu einem Handhebel führt. Für die Sicherung des Schalters sorgt ein einfaches Vorhängeschloss! Die Schalter selbst sind meist als offene Trennschalter ausgeführt, die zum Schalten leer laufender Leitungen gedacht sind. Bei Schalten unter Last kann es hier zu Lichtbögen und Abschmelzen der Schaltstücke kommen. Um dies zu verhindern, werden manchmal auch Trennschalter mit aufgesetzten Funkenlöschkammern (wie im Bild) eingebaut, sie erlauben auch ein Schalten der Leitung unter Nennlast.

Abb 8.02: Ein einfaches Vorhängeschloss als Garant für eine 24-Stunden-Stromversorgung eines Ortes

So gab und gibt es immer wieder Fälle, in denen Ortschaften (meist nachts) von Unbekannten abgeschaltet wurden! Da die Schalter nicht überwacht sind, bekommen die zuständigen Energieversorger den Leitungsausfall erst durch Telefonanrufe der betroffenen Dorfbewohner mit. Nicht selten sind mehrere Dörfer an einem Leitungsstrang angeschlossen, dann ist nach so einem »Scherz« ein ganzer Landstrich betroffen! Die »Saboteure« wurden in keinem der Fälle gefunden, die Energieversorger schweigen diese Fälle aus Angst vor Nachahmung tot. (Wer sich das Mittelspannungs-Leitungsnetz einmal näher betrachtet, dem fallen auch die vielen offen stehenden Trennschalter auf. Dann handelt es sich um sog. Redundanzleitungen, die nur bei Umbau- oder Reparaturfällen eingeschaltet werden)

Auch kleinere Gewerbegebiete werden von einzelnen 20kV-Leitungen im Stichleitungsbetrieb versorgt. Die Gefahr einer gezielten und böswilligen Stromabschaltung einer oder mehrerer Firmen ist also latent vorhanden! Kann man da also tatsächlich von 100% zuverlässiger Stromversorgung sprechen?

8.2 Verwundbarkeit der privaten Stromversorgung

Noch verwundbarer stellt sich die Stromversorgung in Häusern und kleineren Anlagen dar. Hier ist der Schwachpunkt aber nicht das Leitungsnetz, sondern die hierzulande vorgeschriebenen Sicherungseinrichtungen, wie Sicherungen und der weit verbreitete (und teilweise vorgeschriebene) Fehlerstromschutzschalter. So gab es Fälle, in denen nächtliche Veranstaltungen einfach durch Entfernen aller Sicherungen im Sicherungskasten nachhaltig gestört wurden. Es kann ziemlich lange dauern, bis wieder alle notwendigen Ersatzteile beschafft sind. Wesentlich wirksamer ist der Einsatz eines sog. Kurzschluss-Steckers, der an eine beliebige Steckdose gesteckt, zum Ansprechen der Sicherung eines ganzen Stromkreises führt. Als besonders wirksam hat es sich erwiesen, den Stecker in der Dose eingesteckt zu lassen. Beim Einsetzen einer neuen Sicherung, brennt diese immer wieder durch. Das geschieht meist so lange, bis alle Reservesicherungen verbraucht sind....

Eine besondere Rolle spielt der Fehlerstromschutzschalter, oder kurz »FI-Schalter«. Als sog. »Summenstromwächter« registriert er alle zu- und rückfließenden Ströme eines Stromkreises. Bereits bei kleinen Fehlströmen, hervorgerufen durch Isolierfehler oder Körperströme gegen Erde, löst der Schalter aus und unterbricht alle drei Drehstromphasen. Üblicherweise überwacht ein FI-Schalter immer eine größere Nutzungseinheit, etwa eine Wohnung, eine Ladeneinheit oder einen Gebäudeabschnitt. Sein Wirkungsbereich ist daher wesentlich größer als der einer Sicherung. Wird nun kein klassischer Kurzschluss, sondern ein Erdschluss (Verbindung Phase-Schutzerde) erzeugt, spricht nicht die Sicherung, sondern der FI-Schutzschalter zuerst an. Somit wird nicht nur der betroffene Stromkreis, sondern gleich der ganze vom FI-Schalter überwachte Versorgungsabschnitt außer Betrieb gesetzt. Wird der Erdschluss nicht mehr beseitigt, lässt sich der FI-Schalter nicht mehr einlegen. Eine mühsame Suche nach dem Verursacher beginnt, die Stunden dauern kann!

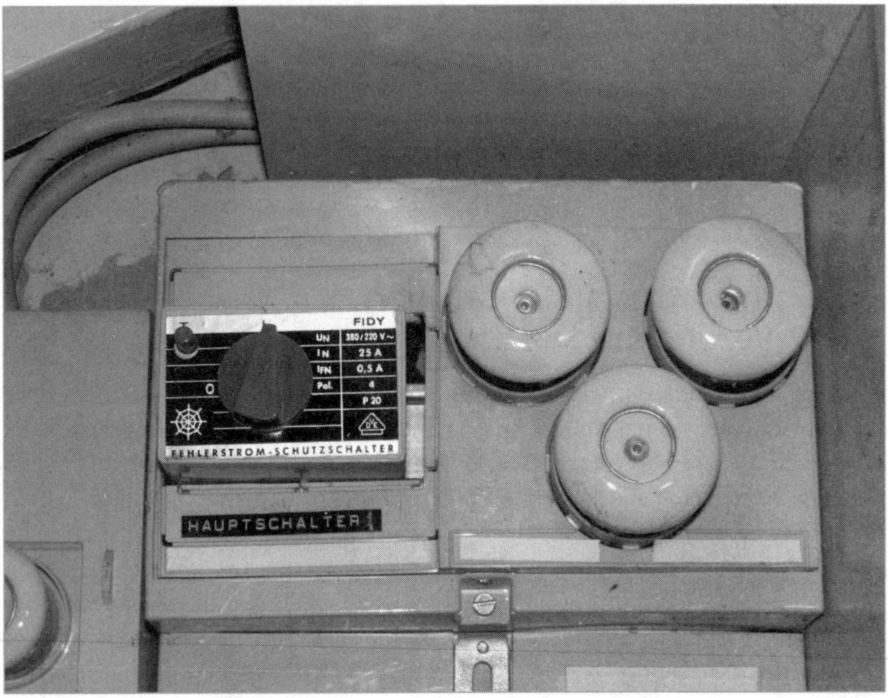

Abb 8.03: Bild eines älteren 500mA-FI-Schalters neben den drei Hauptsicherungen eines Haushaltes

So ist es auf leichte Weise möglich, durch einen modifizierten Netzstecker ein Chaos anzurichten. Ganze Wohnungen werden stromlos und Büros werden arbeitsunfähig! Dazu kommen zahlreiche Kollateralschäden wie verdorbene Lebensmittel in Kühlschränken, Verlust ungesicherter Dokumente am PC, stecken gebliebene Aufzüge oder verstellte Uhren und Timer. Besonders schwer wiegen vorsätzlich verursachte Stromausfälle zur Vorbereitung von Einbrüchen.

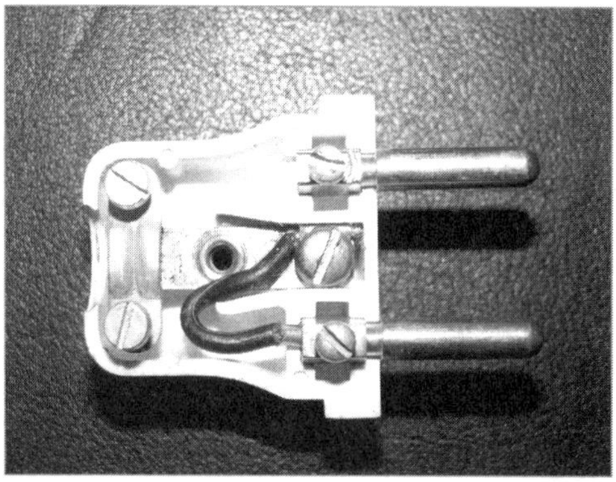

Abb 8.04: Mit diesem modifiziertem Stecker kann ein Erdschluss erzeugt und damit der FI-Schalter zum Auslösen gebracht werden, ein ganzer Versorgungsbereich wird stromlos

Abb 8.05: Schon eine Außensteckdose auf der Terrasse kann ein Einbrecher dazu nutzen, einen Kurz- oder Erdschluss in der Hauselektrik zu verursachen. Damit fällt die Stromversorgung des gesamten Hauses aus, kein Licht brennt mehr und die ISDN-Telefonanlage versagt ihren Dienst!

8.3 Spannungsimpulse verursachen Elektronikstörungen

Nicht nur Stromausfälle, sondern auch Überspannungen stören und zerstören elektronische Geräte, besonders empfindlich reagieren Mikroprozessorgesteuerte Geräte und Anlagen. Die gefürchteten Überspannungen in den Geräten entstehen keineswegs nur bei direktem Blitzeinschlag, sondern auch durch Stoßwellen als Auswirkungen eines fernen Einschlages. So sind Fälle bekannt, bei denen gleich mehrere hundert elektronische Geräte nach einem Blitzeinschlag in unmittelbarer Umgebung ausgetauscht werden mussten.

Weniger bekannt ist die Tatsache, dass man hohe Stoßspannungen bewusst erzeugen und zum Stören und Zerstören elektronischer Geräte gezielt einsetzen kann. Die Erzeugung hoher Spannungsimpulse kann auf unterschiedliche Weise geschehen, im einfachsten Fall wird ein oder mehrere Kondensator mit Spannung geladen und deren Entladungsstrom dann an irgendeine Gerätezuleitung angelegt. Derartige Geräte werden auch für EMV-Tests verwendet.

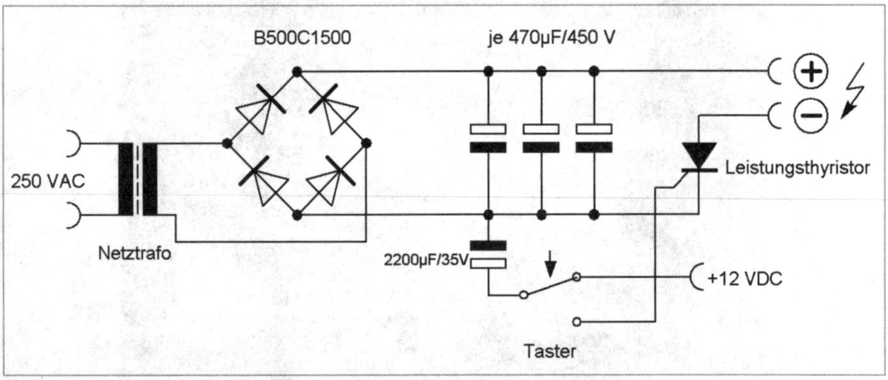

Abb 8.06: Schaltbild des Pulsgenerators mit einer Entladespannung von ca. 450 Volt, beim Druck auf die Taste zündet der Thyristor und entlädt die Kondensatoren. Dafür werden ausschließlich »schaltfeste« Ausführungen eingesetzt, preiswerte Siebkondensatoren halten der Pulsbelastung nicht lange stand!

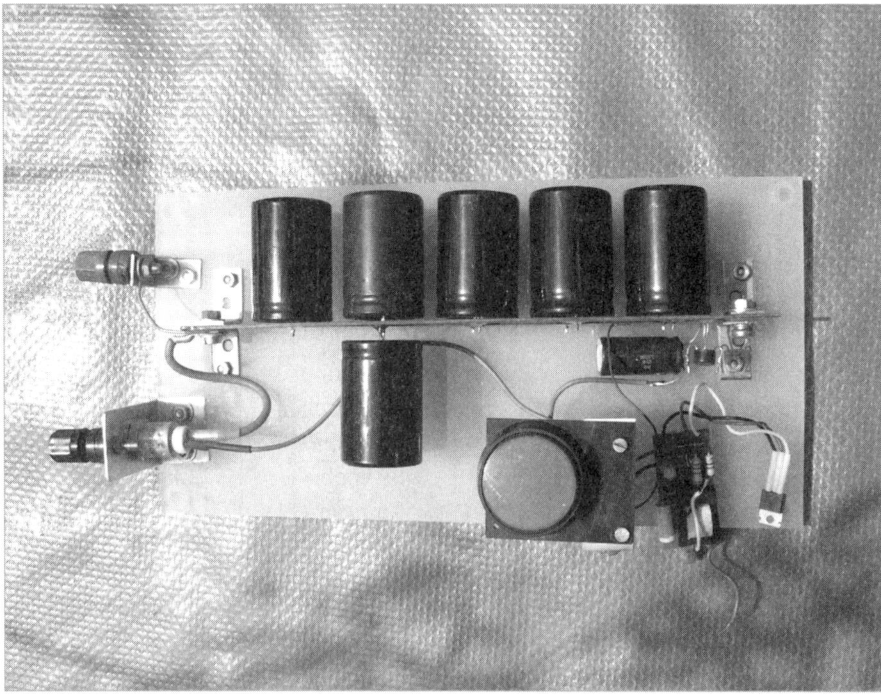

Abb 8.07: Aufbau des Pulsgenerators auf eine Kunststoffplatte. 6 Kondensatoren sind hier parallel geschaltet und werden über einen kleinen Spannungswandler mit mehren hundert Volt aufgeladen. Über die rote Taste wird der Thyristor getriggert und die Entladung ausgelöst. Es fließen kurzzeitig Ströme von mehreren hundert Ampere!

Aber auch komplexere Stoßgeneratoren sind realisierbar, wie beispielsweise der sog. Marxgenerator, bei dem sich die Ladespannung mit jeder Stufe bei der Entladung vervielfacht. Die Kondensatoren sind über Widerstände parallel geschaltet und werden gemeinsam aufgeladen. Ist die Ansprechspannung der Funkenstrecken überschritten, zünden diese gleichzeitig durch und bewirken in diesem Moment eine Reihenschaltung aller Kondensatoren.

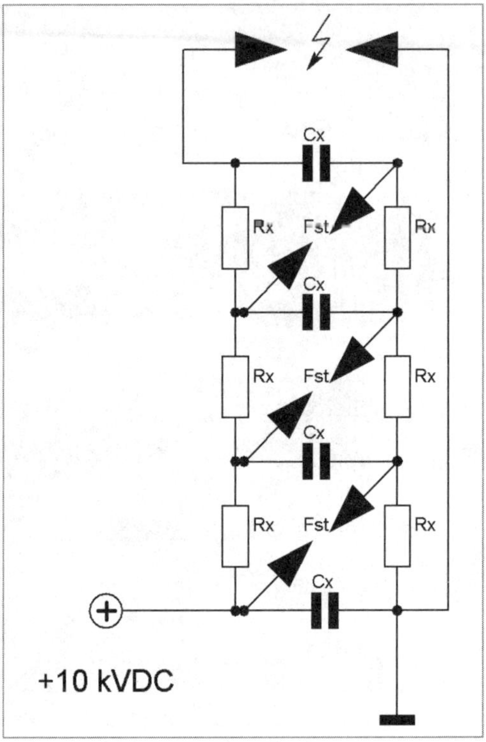

Abb 8.08

Abb 8.09: Die vier keramischen Hochspannungskondensatoren sind zwischen zwei Kunststoffplatten eingebaut. Die drei Funkenstrecken wurden durch verstellbare M3-Schrauben realisiert, ihre Ansprechspannung kann über den Schraubenabstand leicht eingestellt werden. Gespeist wird der Marxgenerator aus einer 10kV- Hochspannungsquelle

Die Spannungspulse können dem Gerät über die Netz-, Antennen-, Netzwerk- oder Lautsprecheranschlüsse zugeführt werden. Je nach Entladespannung, -Leistung und Anschlusskonstellation werden Gerätefunktionen beeinträchtigt und Bauteile zerstört. Entwanzungs-Profis nutzen solche Schaltungen auch gerne zum »Ausbrennen« verdächtiger Leitungen. Dazu werden alle bekannten Geräte an den Leitungsenden abgetrennt und ein kräftiger Spannungsimpuls auf die Leitung geschaltet. Unberechtigt angebrachte Abhörtechnik wird somit wirksam zerstört, danach kann die Leitung wieder verwendet werden. Auch Hochspannungs-Freileitungen werden nach einem Erdschluss gerne durch manuelles und kurzzeitiges Aufschalten der 110kV-Betriebsspannung »gereinigt«. Da es meist kleinere Bäume oder Äste sind, welche die Betriebsstörung verursacht haben, werden diese buchstäblich herausgebrannt.

Hochspannungen mit mehreren zehntausend Volt vermögen auch Isolationen und Luftstrecken zu durchschlagen und benötigen daher gar keine galvanische Verbindung mit dem Gerät. Für einfache Anwendungen eignet sich dafür die klassische Kfz-Spulenzündung, die sich aus Schrotteilen vom Autofriedhof aufbauen lässt. Als Unterbrecher dient hier ein Kfz-Leistungsrelais, das in dieser Schaltung wie ein mechanischer Zerhacker arbeitet. Mit einer kleinen Mopedzündspule lässt sich so eine Schaltung auch als Taschengerät aufbauen, der Strombedarf ist mit einigen Ampere nicht gerade gering!

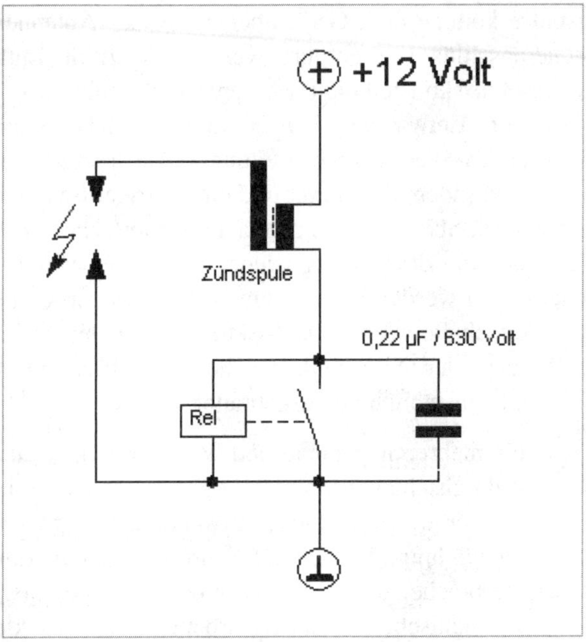

Abb 8.10: Schaltbild des Hochspannungsgenerators mit mechanisch arbeitendem Unterbrecher

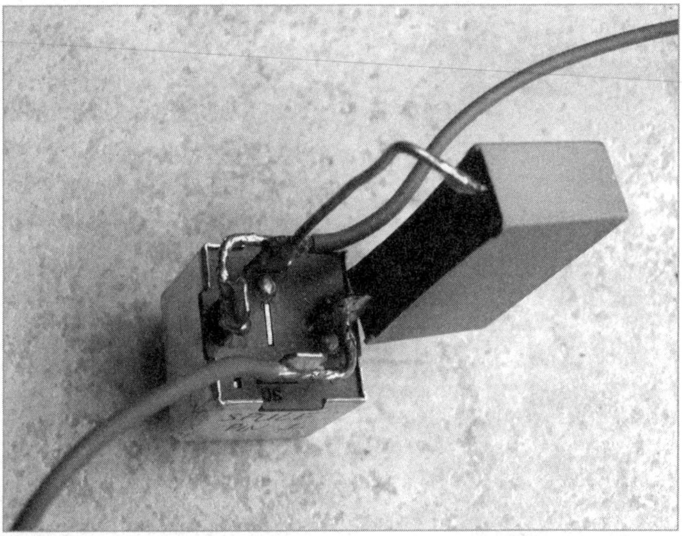

Abb 8.11: Der Kondensator kann direkt am Kfz-Relais angelötet werden

9 RFID

Unter der allgemeinen Bezeichnung RFID (= Radio Frequency Identification Device) werden heute zahlreiche Anwendungen zur drahtlosen Identifikation zusammengefasst. Die Funktion ist relativ simpel: Gegenstände, Tiere und sogar Personen werden mit einem (beinahe unsichtbaren) »RFID-Tag« samt Datensatz »bestückt«. Jedes passende Lesegerät ist dann in der Lage, die Daten des Tags aus einer Entfernung von bis zu zwei Metern auszulesen. Da RFID-Tags sehr klein sind, können sie problemlos in Schlüsselanhängern, Ausweisen und sogar unter der menschlichen Haut platziert werden. Wird ein RFID-Tag irgendwo eingebaut, wird man also zum unfreiwilligen Lauschziel! Darüber hinaus beziehen RFID-Tags ihre Betriebsenergie meist über die magnetische Komponente des Antennenfeldes eines Lesegerätes und benötigen keine Batterien. Ihre Lebensdauer ist damit unbegrenzt!

Es gibt mittlerweile zahlreiche RFID-Varianten mit unterschiedlichen Funktionsprinzipien! Zahlreiche Anwendungen finden auf den beiden Frequenzen 125 kHz und 13,56 MHz statt, zwei ISM-Jedermannfrequenzen. Ein häufig angewandtes Verfahren zum Auslesen der Chipdaten funktioniert folgendermaßen: Ein Lesegerät erzeugt zunächst einmal einen Träger auf der Betriebsfrequenz des Chips. Kommt ein RFID-Chip in die Nähe des Lesegerätes, absorbiert der Resonanzkreis des Chips die Hf-Energie und gewinnt daraus seine Betriebsspannung. Das funktioniert freilich nur im Nahfeld des Lesegerätes, was jeden RFID-Einsatz räumlich deutlich einschränkt. Auf diese Weise mit Energie versorgt, wird die Elektronik des RFID-Chips aktiv: es schließt den eigenen Resonanzkreis im Takte der zu übertragenden Datensequenz kurz, das nennt man »Lastmodulation«. Dabei wird die Trägerfrequenz amplitudenmoduliert, es entstehen zwei Seitenbänder im Takte der Datensequenz, die vom Lesegerät detektiert werden. Die Datenübertragung vom Chip zum Lesegerät ist abgeschlossen.

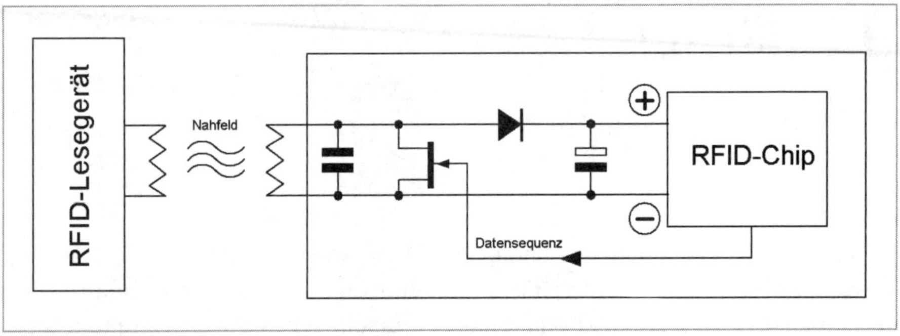

Abb 9.01: Sobald der RFID-Chip genügend Energie aus dem Resonanzkreis bekommt, wird er aktiv und gibt die gespeicherte Datensequenz aus. Damit wird ein Transistor angesteuert, der den Resonanzkreis durch Kurzschlüsse amplitudenmoduliert.

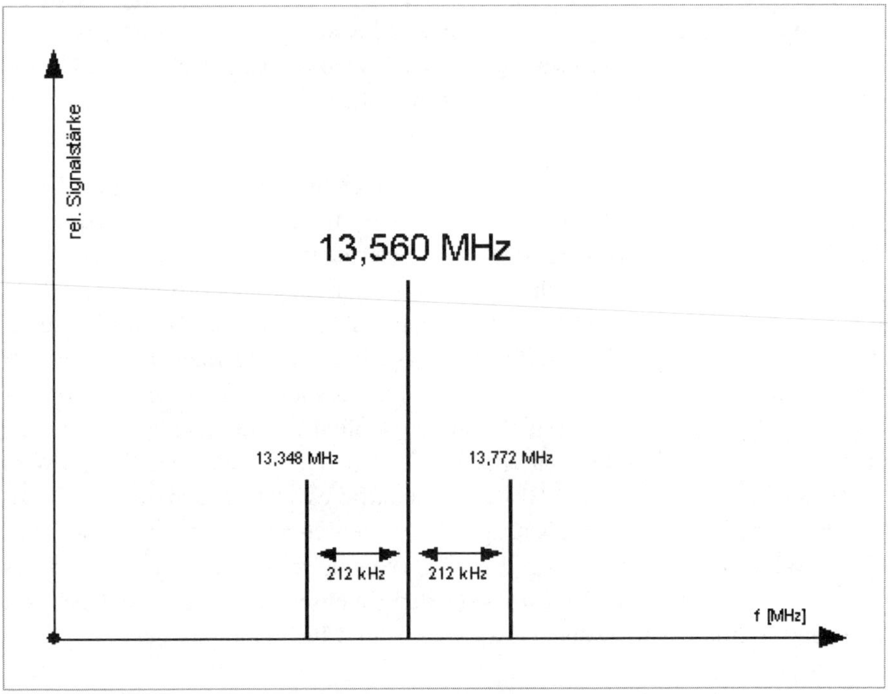

Abb 9.02: Hat die Datensequenz des RFID-Tags eine Taktfrequenz von 212 kHz, ergeben sich zwei neue Seitenbänder. Das Lesegerät filtert diese aus dem Spektrum heraus und erhält nach deren Demodulation die Datensequenz zurück.

Eingesetzt werden RFID-Tags u.a. in folgenden Bereichen:

- Kfz-Wegfahrsperren (125 kHz, Transponderchip im Schlüsselknauf)
- Tieridentifikation (125 kHz, »Einspritzen« des Chips unter die Haut)
- Warenmarkierungen (13,56 MHz, »Smart Labels« unter Preisschildern)
- Zutrittskontrollen (125 kHz/13,56 MHz, Plastikkarten mit integriertem Chip)
- Diebstahlssicherungen (versteckter Einbau des RFID-Tags ins Objekt)
- Logistik und industrieller Warenfluss (RFID-Labels an Fahrzeugkomponenten)
- Forstwirtschaft (RFID-»Einschlagnägel« zum Markieren von Bäumen)

Abb 9.03: Seit 1995 wurde jeder Neuwagen mit einer unsichtbaren Wegfahrsperre ausgerüstet. Im Knauf des Autoschlüssels eingegossen befindet sich ein RFID-Chip, die Spule des Lesegerätes ist im schwarzen Ring rund um das Zündschloss integriert.

Je nach Einsatzzweck wird das passende RFID-System ausgewählt, denn Arbeitsfrequenz und Funktionsprinzip verleihen völlig unterschiedliche Systemeigenschaften.

125 kHz	gute Materialdurchdringung, geringe Reichweite
13,56 MHz	gute Reichweite, Resonanzkreis leicht verstimmbar

Daneben sind auch aktive Transponder auf dem Markt, die über eine eigene Stromquelle verfügen und wesentlich höhere Reichweiten erzielen. Da die RFID-Entwicklung erst begonnen hat, werden sich Technik und Anwendungen weiter fortentwickeln. Lange im Gespräch ist etwa der maschinenlesbare Personalausweis, der die Arbeit der Behörden »erleichtern« soll. Dahinter steckt ebenfalls ein RFID-Chip, der fest in die Hülle des Dokuments eingearbeitet ist. Das Auslesen der Daten ist auf eine Entfernung von über 2 Metern und ohne Wissen des Betroffenen möglich! Personenkontrollen lassen sich damit sogar völlig automatisieren, da die ausgelesenen Ausweisdaten sofort mit den Fahndungslisten der Polizei abgeglichen werden können.

9.1 Möglichkeiten und Grenzen der RFID-Technik

Auch wenn die RFID-Technik erst am Anfang steht, die Möglichkeiten sind bereits jetzt beeindruckend. Das Verfahren hat allerdings auch seine Tücken, die uns vor dem Masseneinsatz der RFID-Chips bisher und möglicherweise auch zukünftig bewahren:

- RFID-Tags sind für viele Applikationen (noch) zu teuer, was ihren massenhaften Einsatz in Supermärkten bis jetzt verhindert. In zahlreichen Fällen wäre der RFID-Tag teuerer als der Artikel, auf dem er klebt
- Nicht überall funktioniert das Verfahren. Metalle, Wasser und viele andere Stoffe können die Schwingkreise der RFID-Chips verstimmen. Damit wird die Energieübertragung gestört, es kommt zu Lesefehlern
- Der RFID-Chip bekommt ausreichende Energie nur im »Nahfeld« der Lesegerät-Antenne. Gerade bei Anwendungen im 13,56 MHz-Bereich kommt es immer wieder zu Reichweitenproblemen oder Feldinhomogenitäten.
- Datenschützer haben bereits einen RFID-Jammer entwickelt, einen Störsender in Chipgröße. Er wird im Lesebereich eines RFID-Lesegerätes ebenfalls zum Leben erweckt und produziert sinnlose Daten in einer Fülle, die das Lesegerät überfordert und nachhaltig stört. Bereits jetzt sind Einkaufstaschen auf dem Markt, die einen solchen RFID-Jammer fest eingebaut haben.

9.2 Lauschangriff auf RFID-Chips?

Die hohe Belastung von E-Mails durch Viren, Würmer oder Trojaner haben viele Computernutzer misstrauisch gemacht. Verdächtige E-Mails werden erst gar nicht geöffnet, sofort gelöscht und das ist auch gut so! Diese Denkweise sollte allerdings auch auf andere Lebensbereiche ausgedehnt werden. Denn die praktische 10%-Einkaufskarte des Baumarktes xy oder einer Supermarktkette arbeitet möglicherweise mit einem RFID-Chip und üblicherweise trägt man diese »Geschenke« dann auch in seiner Geldbörse ständig bei sich. Ein Trojaner in der Hosentasche?

Möglicherweise ja, denn die Karte kann bei jedem Betreten dieses oder eines anderen Geschäftes jederzeit und unbemerkt ausgelesen werden! Eine Platzierung von RFID-Lesegeräten ist in den engen Kassenbereichen problemlos möglich. Marktforscher könnten so ermitteln, wer welche Karte in der Tasche hat und deren Daten auslesen. Ein weit verbreiteter Irrtum ist es übrigens, man könne ein RFID-Tag durch Einwickeln in Alufolie ausschalten! Die magnetische Feldkomponente eines Lesegerätes ist nämlich kaum abschirmbar und schon gar nicht durch (magnetisch völlig unwirksames) Aluminium.

10 Datenklau am Geldautomat

In den letzten Jahren sind zahlreiche Betrugsfälle in Zusammenhang mit EC-Karten aufgetreten. Ahnungslosen Kontoinhabern wurden plötzlich hohe Geldbeträge belastet, die angeblich mit ihren EC-Karten abgehoben wurden. Die Banken spielten die Ahnungslosen, die Geschädigten hatten alle Mühe, den Betrug überhaupt nachzuweisen. Als die Polizei allerdings einige manipulierte Geldautomaten entdeckte, kam Licht hinter die Angelegenheit. Die Art der Manipulation beeindruckte sogar Profis, denn der Datenklau ist hochprofessionell und umgeht beinahe alle Sicherheitsvorkehrungen der EC-Karte.

Um Geld an einem EC-Automaten abzuheben sind eigentlich nur zwei Dinge erforderlich: eine gültige EC-Karte und die dazugehörige Geheimnummer (die man möglichst nicht auf die Karte schreiben sollte!). Nur wenn die auf der EC-Karte verschlüsselt abgelegte Geheimzahl am Geldautomaten eingegeben wird, funktioniert das Zusammenspiel. Selbst wenn eine gestohlene EC-Karte mit einem Magnetkartenleser ausgelesen wird, kann wegen der Verschlüsselung keine Kenntnis von der Geheimzahl erlangt werden. Eigentlich ein ziemlich guter Schutz, dachte man...

10.1 Wie funktionieren Magnetkarten?

Die Daten der EC-Karte werden auf dem rückseitig aufgebrachten Magnetstreifen aufmagnetisiert, ähnlich wie bei einem Tonband. Sie werden seriell auf eine oder mehrere der drei genormten ISO-Spuren geschrieben bzw. wieder ausgelesen. Mit sehr einfachen Mitteln können diese Informationen »hörbar« gemacht werden. Ein alter Tonkopf aus einem Kassettenrekorder oder Walkmann dient als Aufnahmekopf und wird direkt an einen beliebigen Nf-Verstärker angeschlossen. Beim (möglichst gleichmäßigen) Durchziehen des Magnetstreifens repräsentieren seltsame Töne die gespeicherten Daten.

Abb 10.01: Die Daten auf dem Magnetstreifen werden beim Durchziehen hörbar, der Tonkopf muss direkt anliegen!

Ein professioneller Magnetkartenleser arbeitet ebenfalls nach diesem Prinzip und gibt die ausgelesenen Kartendaten an einer seriellen Schnittstelle aus. Jeder nach geschaltete PC oder Mikrocontroller kann die Daten weiterverarbeiten.

Abb 10.02: Professionelle Geräte eignen sich zum Auslesen oder Beschreiben von Magnetkarten gleichermaßen, hier ein Einbaugerät

10.2 Datenklau am Geldautomat

Mittlerweile sind zahlreiche Varianten von Manipulationen an Geldautomaten bekannt. Sie reichen vom Anbau eines Faches zum »Abfangen« der ausgegebenen Geldscheine bis zur Manipulation des Kartenschlitzes (Karte bleibt stecken und wird nicht mehr ausgegeben). Besonders intelligent ist die nachfolgende Manipulation, von der ein Bankkunde zunächst einmal gar nichts merkt:

Es beginnt mit einem Anbau eines gut getarnten Lesegerätes vor den Kartenschlitz des Geldautomaten und der Montage einer Videokamera zur direkten Beobachtung der Tastatur. Deren Videobild und die ausgelesenen Daten des Magnetstreifens werden per Funk direkt an die Betrüger gesendet, die im näheren Umkreis (max. 50 bis 200 Meter) in einem geparkten Fahrzeug sitzen und die Daten empfangen.

Wird nun Geld von irgendeinem Kunden abgehoben, steckt dieser seine EC-Karte wie gewohnt in den Kartenleser und tippt die Geheimnummer ein. Dabei werden über das zusätzliche Lesegerät die Informationen auf dem Magnetstreifen der EC-Karte gelesen und per Funk zum Fahrzeug übertragen. Danach wird über die Videokamera das Eintippen der Geheimzahl beobachtet, der Zifferncode von den Betrügern notiert. Jetzt sind die EC-Kartendaten und die passende Geheimzahl ausspioniert. Mit den ausspionierten Kartendaten lassen sich nur wenige Minuten später beliebig viele Duplikate der originalen EC-Karte erstellen! Zusammen mit der Geheimzahl stehen damit gültige Zahlungsmittel zur Verfügung, mit denen sich Barabhebungen ohne Wissen des Geschädigten durchführen lassen. Üblicherweise werden die kopierten EC-Karten im fernen Ausland eingesetzt. Die Geschädigten können erst reagieren, wenn die abgehobenen Geldbeträge dem Konto belastet und auf den Kontoauszügen sichtbar werden.

Darüber hinaus gibt es zahlreiche Varianten dieser Methode, eine arbeitet mit einer darüber gesetzten Eingabetastatur, welche die getippte Geheimzahl speichert oder ebenfalls drahtlos weitergibt. Damit wird sogar die Videokamera überflüssig. Es ist davon auszugehen, dass immer neue Varianten und Verfahren angewandt werden.

10.3 Plastikkarten als Gefahrenquelle

Plastikkarten scheinen ein interessantes Angriffsziel für Lauscher und Betrüger zu sein. Mit den Möglichkeiten dieser Karten steigen natürlich auch deren Missbrauchsvarianten. Daher beschäftigen sich zahlreiche Betrüger mit der Thematik. Im Internet wurde beispielsweise eine einfache Schaltung zum direkten

Kopieren von Magnetkarten veröffentlicht. Die Schaltung besteht aus zwei Tonköpfen und einem Verstärker, zum Kopieren werden die beiden Magnetkarten (Originalkarte zuerst!) unmittelbar hintereinander durch die Vorrichtung geschoben. Während der erste Magnetkopf die Daten der Originalkarte ausliest, schreibt der zweite Kopf diese Daten zeitgleich auf den Kartenrohling. Da beide Karten mit der gleichen Geschwindigkeit bewegt werden, geschieht die Datensynchronisierung auf mechanischem Wege.

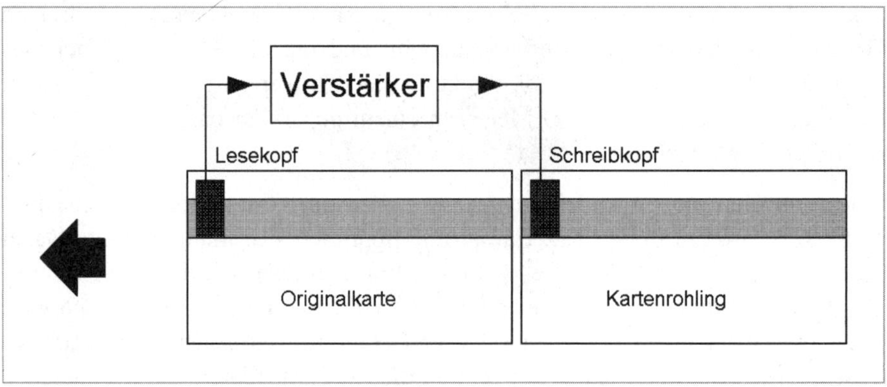

Abb 10.03: Die beiden Tonköpfe werden im Kartenabstand befestigt, die beiden Karten miteinander durchgezogen

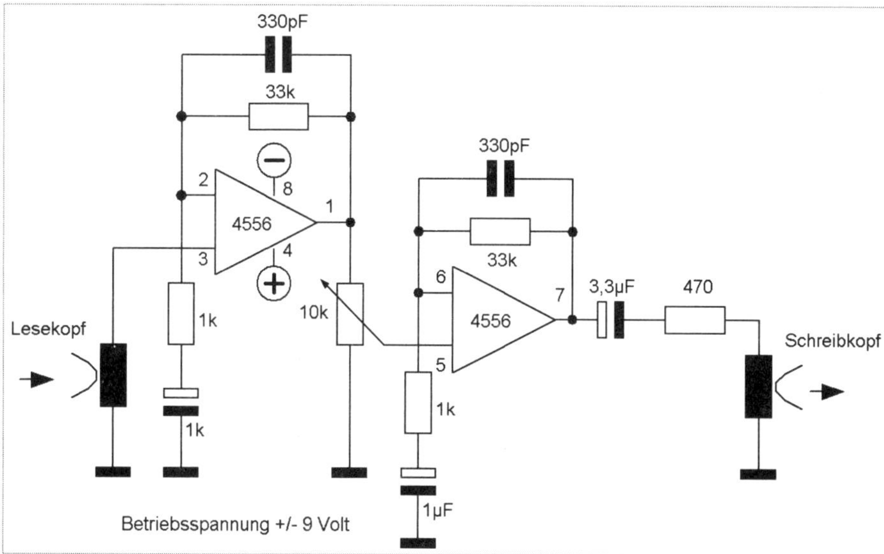

Abb 10.04: Die Signale des Lesekopfes werden verstärkt und direkt an den Schreibkopf geleitet, der Verstärkungsgrad und damit die Magnetisierungsenergie werden mit dem Potentiometer eingestellt

Profis benutzen für derartige Aktionen natürlich professionelle 3-Spur Schreib-Lesegeräte und die passende Software. Vor einigen Jahren wurde auf dem Markt die Programm-CD »Cards« angeboten, mit der Magnetkarten nicht nur ausgelesen, sondern beschrieben und damit manipuliert werden konnten.

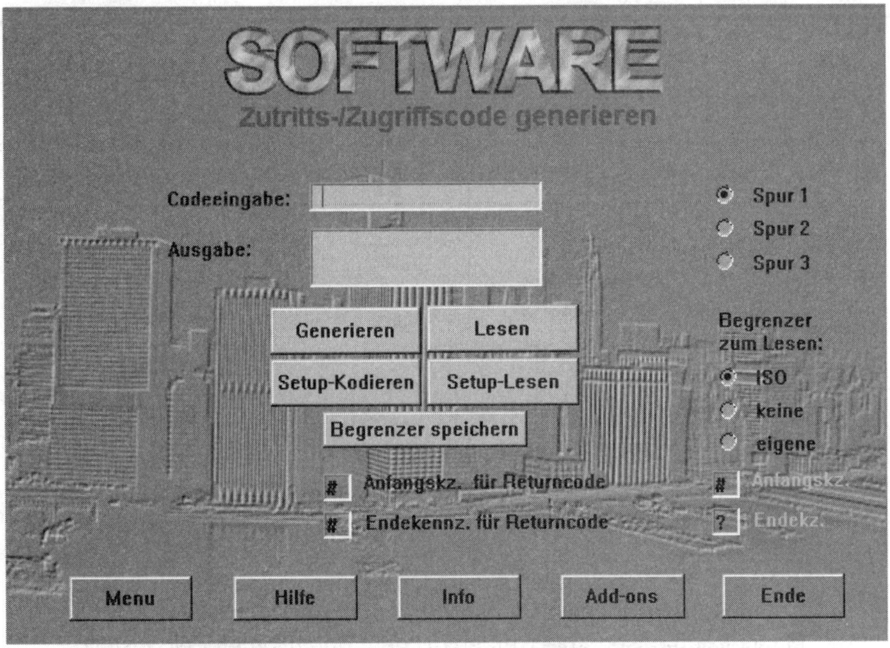

Abb 10.05: Die Software »Cards« ermöglichte erstmals Kartenkopien und -modifikationen auf sehr einfache Weise am privaten PC

10.4 Gefahrenquelle PC-Tastatur

Sensible Daten werden nicht nur an Geldautomaten, sondern auch an PC-Tastaturen eingegeben. Winzige Datenrekorder, eingeschleift in das Zuleitungskabel der Tastatur speichern alle Eingaben und Passwörter. Aber auch kleine PC-Zusatzprogramme eignen sich zur Datenspionage am PC, sie speichern alle Tastatureingaben in einer versteckten Datei oder senden sie über eine ggf. vorhandene Netzwerkverbindung an Dritte. Mit Vorsicht sind drahtlose Computertastaturen zu genießen, alle Eingaben (Passwörter!) können an anderer Stelle empfangen und rekonstruiert werden! Sie arbeiten vielfach auf Frequenzen im CB-Funk-Bereich (häufig im Einsatz: 27,045 MHz), ihre Signale können mit jedem CB-Funkgerät im näheren Umfeld empfangen werden.

11 Gerätekunde

11.1 Scannerempfänger

Funkprofis müssen für ihre unterschiedlichen Einsätze variabel ausgerüstet sein. Das heißt, ihre Funkgeräte sollten einen möglichst weiten Frequenzbereich bei brauchbaren Empfangs- und Sendeleistungen haben. Bei reinen Empfangsgeräten ist das am wenigsten ein Problem, heutige Scannerempfänger decken Frequenzbereiche von wenigen 100 kHz bis über 2 GHz mit (relativ) gleichbleibender Eingangsempfindlichkeit ab. Es werden alle gängigen Modulationsarten (WFM, FM, AM, SSB, CW) wiedergegeben, bei hochwertigen Geräten sogar mit umschaltbaren Bandbreiten.

Abb 11.01: Der AR-5000 (in Kombination mit dem Sichtgerät SDU) erfüllt bereits semiprofessionelle Ansprüche, der Preis leider auch

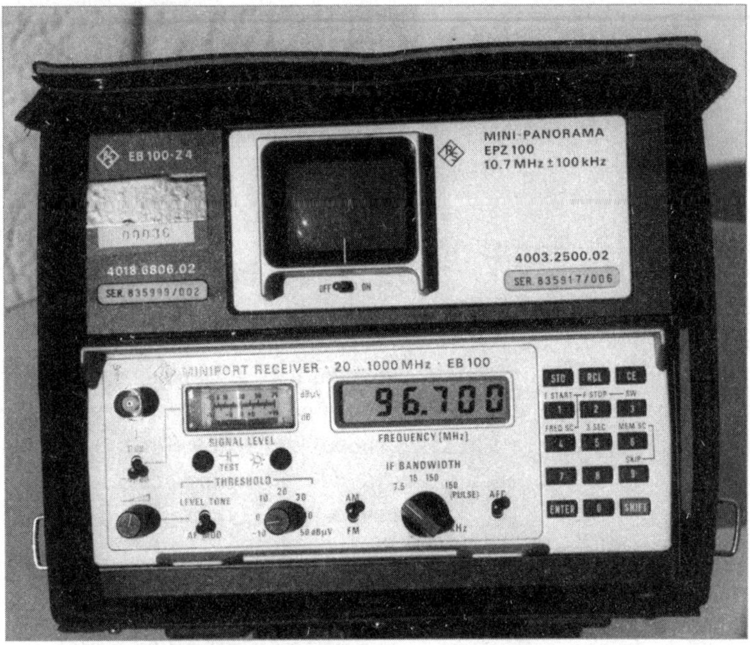

Abb 11.02: Professionelles Gerät der Firma Rohde&Schwarz mit einem Frequenzbereich von 20 bis 1000 MHz und Sichtgerät

11.2 Transceiver

Transceiver sind kombinierte Sende-Empfangsgeräte und ermöglichen im Gegensatz zu reinen Empfängern einen »aktiven« Einsatz, wie beispielsweise das gezielte Ansprechen von Funk-Telefon-Schnittstellen oder Störmaßnahmen (Täuschfunk). Technisch war ein über einen großen Frequenzbereich durchstimmbarer Sender lange Zeit nicht umsetzbar. Hauptproblem war die resonanzgekoppelte Senderendstufe, die mit einem frequenzabhängigen LC-Koppelnetzwerk exakt an die Antenne angepasst werden muss. Durch moderne Bauelemente (Breitband-MOSFET-Endstufen) ist es seit einigen Jahren allerdings möglich geworden, dies relativ unkompliziert zu realisieren. So stehen im Amateurfunkbereich jetzt Geräte zur Verfügung, die über einen großen Frequenzbereich sende- und empfangsfähig sind! Als Beispiel sei hier der ICOM-Transceiver IC-706 genannt, der (nach einer leichten Modifikation, genaue Anleitung ist unter *www.mods.dk* abrufbar) über einen Frequenzbereich von 2 bis 200 MHz durchgehend arbeitet. Mit seiner Stromversorgung von 12 Volt ist das Gerät auch problemlos mobil einsetz- und zudem über eine Schnittstelle durch PC oder Nahfeld-Frequenzzähler fernsteuerbar.

Moderne UKW-Mobilfunkgeräte sind ebenfalls auf größere Frequenzbereiche erweiterbar. Über Drahtbrücken oder Dioden codiert, lassen sie sich leicht wieder in den »Urzustand« versetzen. Als Beispiel für ein recht leistungsfähiges Mobilgerät sei hier der Kenwood »TM-D700« genannt, das mit einer Hf-Ausgangsleistung bis zu 50 Watt in den Frequenzbereichen 136 bis 200 MHz und 400 bis 470 MHz sendefähig ist! Damit werden neben den Amateurfunkbereichen auch sämtliche kommerziell genutzten Betriebsfunkbereiche komplett abgedeckt.

Abb 11.03: Das TM-D700 von Kenwood arbeitet mit einem abgesetzten Bedienteil und kann auch unter schwierigen Platzverhältnissen eingebaut werden.

11.3 Frequenzerweiterte Handfunkgeräte

Aber auch kleinere Handfunkgeräte wie das ICOM E-90 haben sich beinahe zu Alleskönnern entwickelt. Dem Dreiband-Handfunkgerät stehen ab Werk das 50-52 MHz, 144-146 MHz und 430-440 MHz in der Modulationsart FM zur Verfügung. Wie generell üblich, können Funkgeräte heute durch Lötbrücken und Dioden auf länderspezifische Gegebenheiten angepaßt werden. So auch beim E-90, der über zwei SMD-Dioden »gezähmt« wird. Nach Entfernen dieser beiden Bauteile (Achtung: die Bauteile sind extrem klein!) steht ein äußerst breiter Sendefrequenzbereich zur Verfügung. Damit ist das E-90 einer der wenigen Handfunkgeräte, die im 4m-BOS und UKW-Rundfunkband in der Modulationsart FM sendefähig sind! Zu beachten ist, dass sich die Ausgangsleistung wegen der Fehlanpassung von Endstufe und Antenne je nach Bandbereich ziemlich reduziert (ca. 0,5 Watt).

11.4 Antennenprobleme bleiben!

Weiterhin problematisch bleibt allerdings die Antennenwahl, denn bis auf wenige Breitbandtypen (LPDA oder Discone-Antenne) sind diese nur auf einem relativ schmalen Frequenzbereich nutzbar. Somit bleibt nichts anderes übrig, als ggf. mehrere umschaltbare Antennen für die unterschiedlichen Anwendungen bereitzuhalten. Die bei Handscannern im Lieferumfang befindlichen »Gummiantennen« stellen meist nur einen schlechten Kompromiss dar, reichen aber dennoch in vielen Fällen aus. Regelmäßig unterschätzt wird die Wirksamkeit der verwendeten Empfangsantenne, natürlich werden auch hier Antennenresonanzen und Richtwirkung wirksam. Die bei Handscannern im Lieferumfang befindlichen »Gummiantennen« stellen meist nur einen schlechten Kompromiss dar, reichen aber dennoch in vielen Fällen aus. Wer einen Kleinsender aber über eine größere Entfernung zuverlässig empfangen möchte, kommt um eine Richtantenne nicht herum. Sehr gebräuchlich sind in diesem Zusammenhang die mittlerweile recht preiswert angebotenen logarithmisch-periodischen-Dipol-Antennen (LPDA), die einen großen Frequenzbereich bei guter Richtwirkung abdecken.

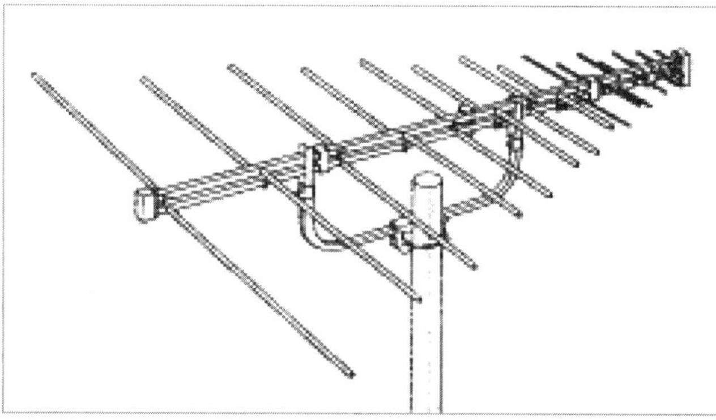

Abb 11.04: Logarithmisch-Periodische-Dipol-Antennen decken einen breiten Frequenzbereich (beispielsweise 130 bis 1300 MHz) ab und sind für Lauscher die erste Wahl

11.5 Nahfeld-Frequenzzähler

In heutigen Lauscheinsätzen kaum mehr wegzudenken sind Nahfeld-Frequenzzähler, wie der Scout der amerikanischen Firma »OPTOELECTRONICS«. Dabei handelt es sich um hochempfindliche Frequenzzähler, die mit einer kurzen Antenne jeden Sender im näheren Umfeld detektieren und deren relative Empfangsfeldstärke und Arbeitsfrequenzen anzeigen. Sie eignen sich zum Aufspüren von Wanzen gleichermaßen wie zum Ausspähen von Funkdiensten. Die Akkubetriebenen Geräte passen in jede Hosentasche und haben sich in kürzester Zeit als unverzichtbare Hilfsmittel für Funkprofis etabliert. Einige Gerätetypen speichern alle detektierten Frequenzen und sind mit einer Datenschnittstelle ausgerüstet, um Empfangs- oder Funkgeräte (über deren Fernsteuerprotokolle, beispielsweise CI-5 von ICOM) direkt ansprechen zu können. Sobald ein aktiver Sender detektiert ist, wird das angekoppelte Gerät auf die entsprechende Frequenz abgestimmt.

Abb 11.05: Der »Scout« von OPTOELECTRONICS arbeitet völlig autonom, detektierte Frequenzen werden in einem Speicher abgelegt und sind zu einem späteren Zeitpunkt abrufbar. Die Datenschnittstelle ermöglicht die augenblickliche Abstimmung eines Breitbandempfängers auf die gerade detektierte Frequenz!

11.6 Spektrum-Analyzer

Alle Scan-Verfahren erwecken nur den Anschein einer echten Band- bzw. Kanal-Überwachung. Der Grund ist mehr als einfach, denn ein Handscanner benötigt für seine Suchvorgänge reichlich Zeit. So kommen gute Scanner mittlerweile auf weit über 100 gescannte Kanäle pro Sekunde (einige Veteranen schaffen gerade mal ein paar Kanäle in dieser Zeitspanne) und professionelle Geräte schaffen gar einige Tausend Kanäle pro Sekunde! Sucht man also beispielsweise 1000 Kanäle mit einem Handscanner zyklisch ab, so vergehen sogar bei schnellen Geräten einige Sekunden für jeden Suchzyklus.

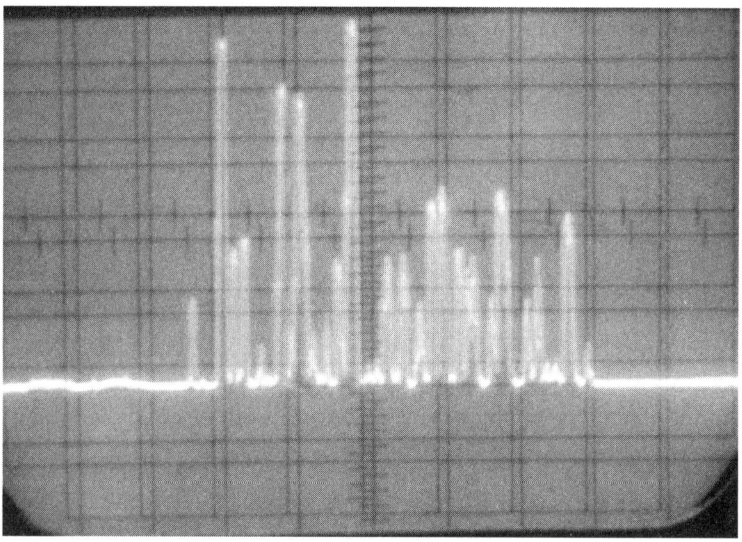

Abb 11.06: Die optische Überwachung eines Frequenzspektrums erlaubt auch das Erkennen kurzzeitig auftretender Trägersignale

Kurzzeitig auftretende Signale werden im ungünstigsten Fall also gar nicht erkannt, weil der Scanner im Zeitpunkt der Trägertastung gerade mit dem Absuchen anderer Kanäle beschäftigt ist. Des Rätsels Lösung wäre also ein unendlich schneller Scanner, doch leider haben Physik und Geldbeutel hier deutliche Grenzen gesetzt. So stellt eben nicht nur die Taktrate des steuernden Mikroprozessors, sondern auch jeder Filter (also Empfängervorstufe, ZF-Filter) eine Art »Bremse« dar. Der Grund liegt in den Einschwingzeiten eines jeden Filters, daher kommen bei Hochleistungsgeräten (wie etwa den Messempfänger ESVD von Rohde & Schwarz) auch einschwingoptimierte Filter zum Einsatz.

Natürlich kennen gerade militärische Funkdienste die Tatsache nur zu gut, dass man das Aufspüren von Funkstationen mit konventionellen Mitteln schon dadurch deutlich erschweren kann, dass man die gesendeten Funksprüche sehr kurz hält. Die Funkpraxis im militärischen Flugfunk (UHF-Bereich) ist ein glänzendes Beispiel dafür. Zunehmend werden auch Übertragungsverfahren eingesetzt, die ihre Arbeitsfrequenz zyklisch verändern und nur noch kurze Datentelegramme aussenden. Mit Hilfe der modernen Digitaltechnik lässt sich ein solches Verfahren relativ einfach bewerkstelligen und so soll es sogar schon Wanzen geben, die nach diesem Prinzip arbeiten. Mit einem herkömmlichen Handscanner ist man beim Aufspüren und Abhören solcher »Frequenzspringer« schlichtweg chancenlos. Deshalb setzen Lauschprofis andere Verfahren ein, den Panoramaempfänger. Auch hier benötigt man grundsätzlich einen Funkempfänger, dessen Empfangsfrequenz zyklisch zwischen zwei vorgegebenen Eckfrequenzen verstimmt wird. Das Empfangsergebnis leitet man dann allerdings auf ein Sichtgerät weiter, in klassischen Geräten ist das eine Oszillografenröhre und bei modernen Ausführungen meist ein LCD-Display. Der überwachte Frequenzbereich stellt sich auf den optischen Anzeigemedien grafisch dar. Im Bild der UKW-Rundfunkbereich (87 – 108 MHz). Die X-Achse (Rechtswert) repräsentiert das gesamte zu überwachende Frequenzspektrum, in dem jedes detektierte Signal als Strich dargestellt wird. Die Y-Achse (Hochwert) entspricht der jeweils empfangenen Signalstärke. Damit sich auf der Bildröhre ein möglichst aktuelles Bild ergibt, wird der überwachte Frequenzbereich mindestens 25- bis 50-mal pro Sekunde abgefahren und für den Betrachter ergibt sich eine für das Auge stehende und flackerfreie Darstellung.

Zieht man an dieser Stelle einen Leistungsvergleich mit einem Handscanner werden die Unterschiede zwischen den beiden unterschiedlichen Verfahren schnell klar: Wird beispielsweise ein Bereich von 30 MHz überwacht, so entspricht das bei einem Kanalraster von 20 kHz theoretisch 1500 möglichen Frequenzkanälen. Arbeitet der Panoramaempfänger mit einer Abtastfrequenz von 30 Hz, so ergibt sich eine theoretische Scangeschwindigkeit von 45 000 Kanälen pro Sekunde!

In der Praxis kann man davon ausgehen, dass praktisch zeitgleich mit dem Drücken der Sendetaste auch eine Nadel auf der Anzeige des Panoramaempfängers ansteht. Die Anzeige ist sogar so schnell, dass man (je nach Einstellung) Modulationsbedingte Änderungen von Signalamplituden bzw. –Bandbreiten erkennen kann. Mit einem solchen Gerät bewaffnet, lassen sich auch Sendungen ausmachen, die nach dem bereits erwähnten Frequenzsprungverfahren und mit sehr kurzen Aussendungen auf unterschiedlichen Frequenzen arbeiten. Natürlich kann man mit cincm rcincn Panoramagerät keine einzelnen Stationen abhören, deshalb sind komfortable Geräte mit einigen Zusatzfunktionen ausgestattet. So lässt sich ein beobachtetes Trägersignal mit einem Marker auf dem Bildschirm markieren, worauf ihre genaue Frequenz zahlenmäßig angezeigt wird. Zudem gestatten manche Geräte das Abhören einzelner Träger, das Abspeichern und Ausdrucken des gesamten Spektrums und sogar den Vergleich verschiedener eingespeicherter Spektren.

11.7 Hf-Sniffer

Universell einsetzbar und preiswert sind Hf-Detektoren mit großer Bandbreite (100 MHz bis 2,5 GHz). Über ein Messinstrument zeigen sie Sender in unmittelbarer Umgebung (unabhängig von ihrer genauen Frequenz) an. Möglich wurde diese Geräte erst mit der Entwicklung entsprechender Hf-Detektorschaltkreise wie den MAX4000 oder den AD 8307. Für den Bau eines Hf-Sniffers sind neben dem Detektor IC nur wenig externe Bauteile erforderlich.

Abb 11.07: Ein solcher Hf-Sniffer auf Basis eines MAX4000-Schaltkreises wird von der AATIS e.V. (*www.aatis.de*) unter der Bezeichnung AS644 als Bausatz für 30.– Euro vertrieben

Mit einer Grenzempfindlichkeit von -58 dBm erreicht der MAX4000 Detektor-IC natürlich nicht die Empfangsleistungen eines hochwertigen Empfängers (Empfindlichkeit ca. -100 dBm), kann aber mit anderen, sehr vorteilhaften Eigenschaften aufwarten. Da nämlich keine Filter in der Schaltung erforderlich sind, können sogar pulsartige Aussendungen mit hoher Bandbreite ohne nennenswerte Verzerrung empfangen und mit einem Oszilloskop oder PC aufgezeichnet werden. Der AS644 hat für derartige Messungen einen eigenen Signalausgang.

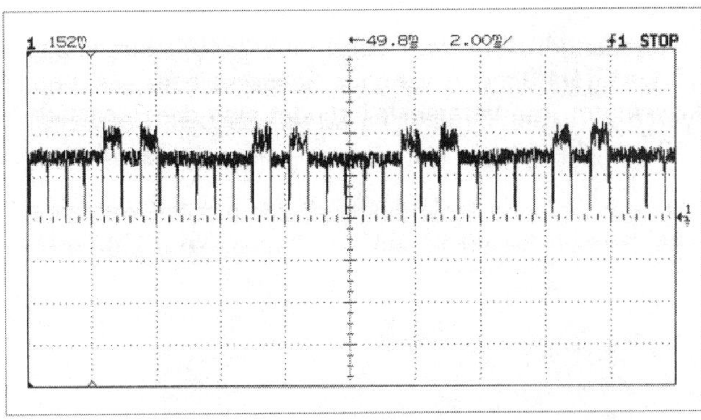

Abb 11.08: Aufzeichnung einer DECT-Aussendung mit zwei Gesprächspartnern durch einen HF-Sniffer (Quelle: AATIS e.V.)

Ein Hf-Sniffer ist also eine sinnvolle und preiswerte Ergänzung einer jeden Empfangsausrüstung und erlaubt das Aufspüren und Identifizieren von Sendeanlagen und Wanzen

11.8 DTMF-Dekoder ermittelt Telefonnummern

DTMF-Töne, wie sie beispielsweise zum Fernabfragen des Anrufbeantworters benutzt werden, spielen in der heutigen Telefontechnik eine wichtige Rolle. Nur einige Spitzenscanner (AR-5000) ermöglichen eine Dekodierung dieser Töne und zeigen die Ergebnisse sofort im Display an. Nachfolgender Dekoder arbeitet mit einem Atmel 90S2313 Chip, zur Programmierung ist ein PC samt Programmieradapter notwendig. Empfangene DTMF-Töne werden sofort dekodiert und im Display angezeigt, die (optionale) LED leuchtet bei jedem gültigen DTMF-Ton auf. Über das Potentiometer wird der Kontrast der LCD-Anzeige eingestellt, der Taster »Löschen« setzt das Display wieder zurück. Das Programm kann natürlich auch auf eigene Bedürfnisse modifiziert werden und beispielsweise auf komplette Nummernblöcke mit Alarm reagieren. Der vorgeschaltete

Verstärker besitzt Bandfilterfunktion, unterdrückt Störungen und erlaubt wahlweise die Anschaltung des Gerätelautsprechers oder eines Mikrofons!

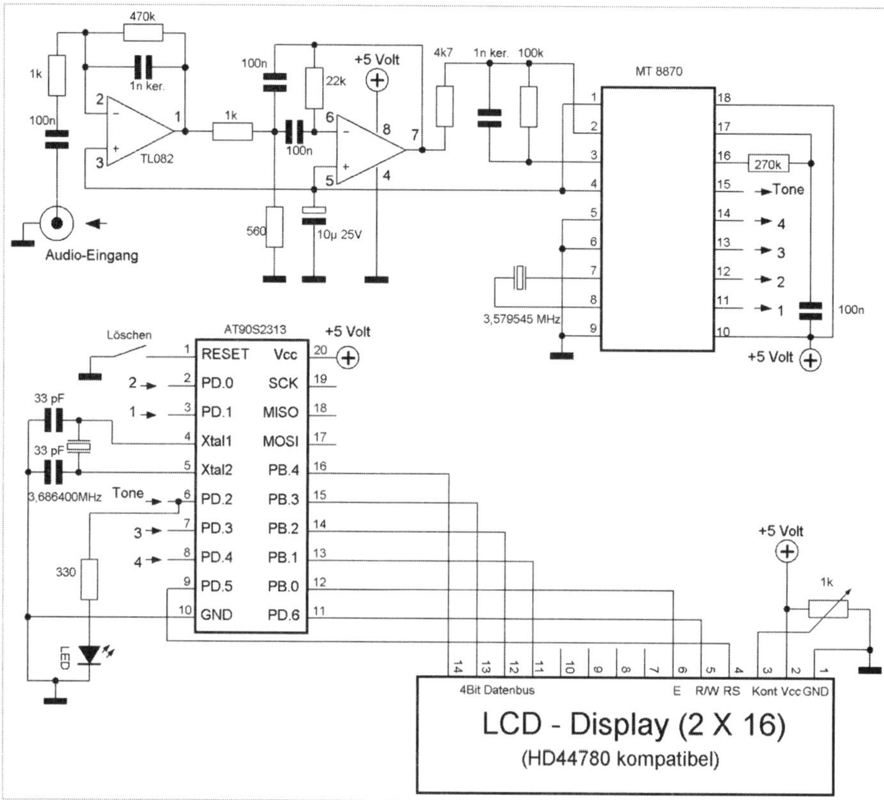

Abb 11.09: Listing für BASCOM-AVR Basic

```
$regfile = "2313def.dat"
$crystal = 3686400

On Int0 Dekodieren:
Config Int0 = Rising
Dim D As Integer
Dim C As Integer
Dim B As Integer
Dim A As Integer
Dim Anzeige As String * 1
Dim Ziffer As String * 35
Ddrd = &B1100000
Portd.0 = 0
Portd.1 = 0
Portd.2 = 0       'Int 0
```

```
Portd.3 = 0
Portd.4 = 0
'lcd
Ddrd.6 = 1
Portd.6 = 0
Dim Dtmf As String * 4
Config Lcd = 16 * 2
Config Lcdpin = Pin , Db4 = Portb.1 , Db5 = Portb.2 , Db6 = Portb.3 , Db7 =
   Portb.4 , E = Portb.0 , Rs = Portd.5
Initlcd
Cls
Cursor Off
Upperline
Lcd "  * DTMF-Dekoder *"
Lowerline
Enable Int0
Enable Interrupts
Do
Loop
Dekodieren:
Waitms 150
D = Pind.1
C = Pind.0
B = Pind.3
A = Pind.4
Dtmf = Str(a) + Str(b) + Str(c) + Str(d)

Select Case Dtmf
Case "0001" : Anzeige = "1"
Case "0010" : Anzeige = "2"
Case "0011" : Anzeige = "3"
Case "0100" : Anzeige = "4"
Case "0101" : Anzeige = "5"
Case "0110" : Anzeige = "6"
Case "0111" : Anzeige = "7"
Case "1000" : Anzeige = "8"
Case "1001" : Anzeige = "9"
Case "1010" : Anzeige = "0"
Case "1011" : Anzeige = "*"
Case "1100" : Anzeige = "#"
Case "1101" : Anzeige = "A"
Case "1110" : Anzeige = "B"
Case "1111" : Anzeige = "C"
Case "0000" : Anzeige = "D"
End Select
Ziffer = Ziffer + Anzeige
Lcd Anzeige
Return
End                                                          'end program
```

11.9 Laptop als Multi-Lauschgerät

Wer sich einen Überblick über die WLAN-Nutzung in seiner Umgebung verschaffen möchte, macht mit herkömmlichen Scannerempfängern keinen Stich. Das Lauschgerät der Wahl ist ein Laptop, ausgerüstet mit einer WLAN-Funknetzwerkkarte. Zahlreiche Programme (für PC-Anwendungen sehr verbreitet ist beispielsweise die Software »Netstumbler«) ermöglichen das zyklische Abscannen des gesamten 2,4 GHZ- Frequenzbereiches. Die empfangenen Netzwerke werden mit allen interessanten Daten (u.a. Arbeitskanal, Feldstärke, Netzwerknamen, optional die zugehörigen GPS-Koordinaten) angezeigt und protokolliert. Ganz passiv funktioniert das »Abscannen« mit Netstumbler übrigens nicht, es werden vielmehr zyklische Abfragen ausgesendet, auf welche die (meisten) Access-Points mit Ihren Kennungen antworten! Insider fahren ganze Stadtteile mit dem Auto ab und nutzen die gewonnenen Daten für weitere Aktivitäten (sog. »Wardriving«).

Da das 2,4 GHz natürlich mehr als nur WLAN-Anwendungen zu bieten hat, kann das Laptop parallel als Videomonitor genutzt werden. So lassen sich 2,4 GHz-Videoempfänger über einen Video-Adapter der Firma »Hauppauge« direkt an die USB-Schnittstelle eines Laptops anschließen. Im entsprechenden Programmfenster der mitgelieferten Software »WinTV« ist das empfangene Videobild dann direkt zu sehen! Zahlreiche Zusatzoptionen (Speichern von Standbildern oder Aufzeichnung ganzer Videosequenzen) machen den Videoadapter für Lauschangriffe recht brauchbar. Dank Multitasking laufen verschiedene Anwendungen parallel. Während »Netstumbler« also seine WLAN-Empfangsergebnisse im eigenen Programmfenster protokolliert, zeigt das Videoprogramm aktuell empfangene Videos. Eigentlich überflüssig zu erwähnen, dass ein Laptop noch weitere Aufgaben übernehmen kann (etwa einen Scannerempfänger über die serielle Schnittstelle steuern). Das notwendige Steuerprogramm würde dann parallel zu den erwähnten beiden Anwendungen in einem dritten Programmfenster ablaufen. Da die Zahl von WLAN- und Videoanwendungen im 13cm-ISM-Band weiter sprunghaft ansteigt, verwundern die zahlreichen Empfangsergebnisse nicht. Abhörgefahren scheinen die meisten Anwender nicht zu interessieren!

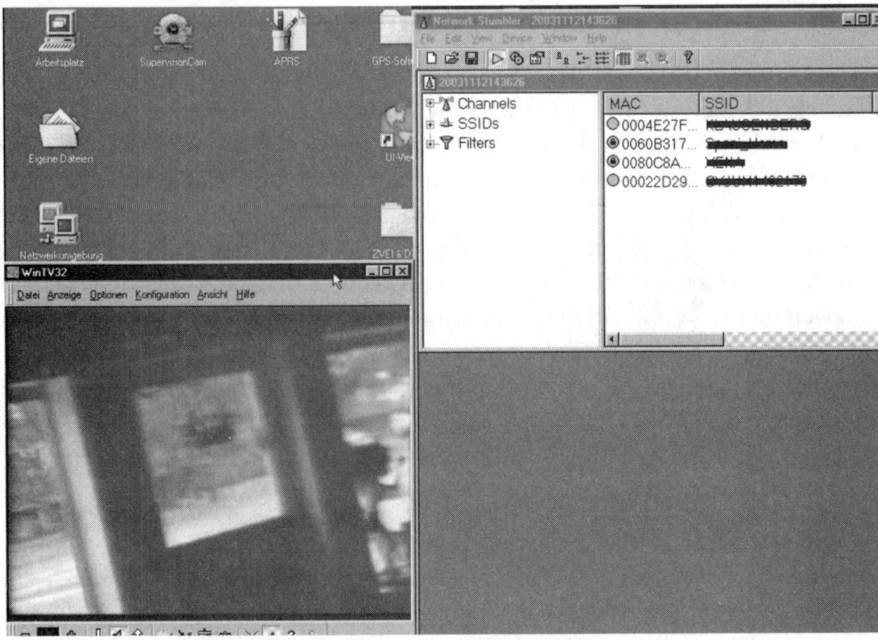

Abb 11.10: Multitasking in der Praxis, während WinTv (links unten) das Bild einer Ladenkamera zeigt, scannt NetStumbler (rechts oben) gerade nach WLAN-Kanälen

11.10 Wirksamer Peilvorsatz für Scannerempfänger

Mit handelsüblichen Scannern erweist es sich als äußerst schwierig, den Standort eines empfangenen Senders festzustellen. Viele Geräte haben gar keine Feldstärkeanzeige, bei anderen wiederum ist die Anzeige nicht ausreichend kalibriert. Somit lässt der abgelesene Feldstärkewert keinen genauen Rückschluss auf Nähe oder Richtung des Senders zu, ganz besonders in seinem Nahfeld. Bessere Ergebnisse bei wenig Materialaufwand bringen Phasen-Peiler, die als Zubehörteile für Scannerempfänger angeboten werden. Die Funktion ist relativ einfach, zwei gleiche, in einem bestimmten Abstand montierte Antennen werden abwechselnd an einen Empfängereingang geschaltet. Die Umschaltfreqenz beträgt etwa 10 Hz. Hält man die Peilantenne direkt auf den Sender, sind beide Antennenstäbe gleich weit vom Sender entfernt und liefern amplituden- und phasengleiche Spannungen. Der Lautsprecher gibt die Sendung also völlig normal wieder. Bei allen anderen Antennenstellungen ist deren Entfernung zum Sender unterschiedlich. Es kommt zu einem deutlichen Phasenunterschied des Empfangssignals, der sich durch das deutlich hörbare Umschaltknacken bemerkbar macht. Da die Empfangsfeldstärke bei diesem Peilverfahren keine Rolle spielt, kann es auch im unmittelbaren Nahfeld des Senders angewandt werden. Einziger echter Nachteil: Träger mit kurzer Signaldauer (etwa gepulste Träger) lassen sich mit diesem Gerät kaum orten.

Abb 11.11: Peiler nach dem Phasendifferenzprinzip sind preiswert und leistungsfähig, nötig sind neben dem Scannerempfänger nur zwei Antennen und ein elektronischer Antennenumschalter (Bildquelle: Transmitter-Hunting)

11.11 Digitaler Sprachspeicher

Tonaufnahmen zur Dokumentation von Gesprächen sind manchmal unumgänglich. Auch empfangene 5-Tonfolgen oder DTMF-Sequenzen können aufgezeichnet und später dekodiert werden. Über Jahre wurden dafür konventionelle Tonbandgeräte bzw. Kassettenrekorder genutzt. Moderne Rekorder arbeiten digital und speichern die Audiodaten auf Chip oder Festplatte. Für PC-Anwendungen stehen dafür zahlreiche Freeware-Programme zur Verfügung, wie etwa »ScanRec«, das in unterschiedlichen Qualitäten und auf beiden Stereokanälen getrennt arbeiten kann.

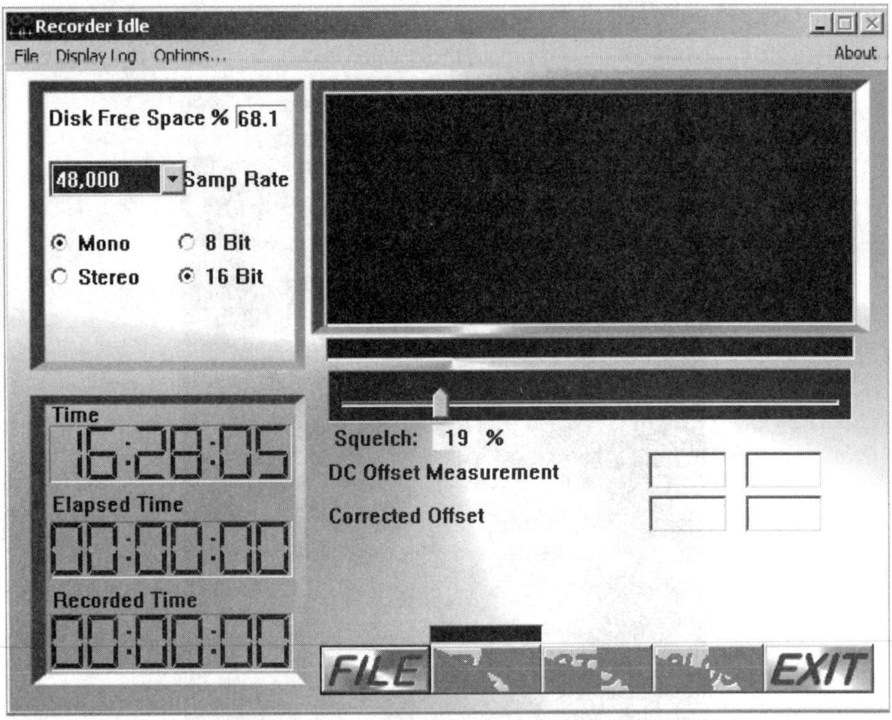

Abb 11.12: Die aufgezeichneten Sendungen stehen danach als wav-Datenfiles zur Verfügung. Sie können nicht nur abgehört, sondern auch verlustfrei kopiert, archiviert oder über E-Mail versendet werden

Unterwegs sind Stand-Alone-Geräte praktischer, hier erfolgt die Speicherung auf einem Speicherchip. Abhören ist problemlos möglich, aber die Überspielung auf einen PC nicht vorgesehen.

Abb 11.13: Digitaler Sprachspeicher als Eigenbaugerät, die bekannten Elektronikversender bieten zahlreiche Bausteine mit unterschiedlichen Speicherkapazitäten an

Wie praktisch digitale Sprachspeicher in einem Scannerempfänger sind, zeigt der ICOM-Scannerempfänger IC-R20. Der integrierte Sprachspeicher (32 MB) dieses Gerätes kann Sendungen mit maximal 4 Stunden Dauer aufzeichnen. Die Aufzeichnungen können später wieder abgehört oder über das Datenkabel direkt auf einen Computer überspielt werden!

12 Anhang: Kommunikationsnetze, einst und jetzt

Besonders Kommunikationsnetze von Behörden und großen Firmen sind für Lauscher recht interessant. Vorgestellt sind nachfolgend einige Kommunikationsnetze, ihre Geschichte und Funktion. Und natürlich eine Bewertung ihrer Abhörsicherheit.

12.1 BASA-Netz

Der Klassiker eines flächendeckenden Kommunikationsnetzes dürfte sicherlich das BASA (Bahn-Selbst-Anschluss-Netz) sein, das bereits in den 20er Jahren entstand und federführend bei der Entwicklung des Selbstwahlnetzes war. Das drahtgebundene Telefonetz verbindet bis heute sämtliche Bahneinrichtungen, sogar die vielen bahneigenen Wohnungen waren ursprünglich mit eingebunden. Über diese Kabel und Leitungen wurden Telefongespräche, Fernschreiben und sogar präzise Zeitinformationen (sog. »ONOGO«-Verfahren) übermittelt.

Die wenigen noch sichtbaren Freileitungen entlang einiger Bahnstrecken dürften wohl die letzten Zeugen dieses gewaltigen Nachrichtennetzes sein, das sich immer mehr unter die Erde verlagert hat. Während des zweiten Weltkrieges war die Bahn für den Nachschub der Truppen so wichtig, dass die Wehrmachtsführung einen direkten Anschluss an den BASA-Netzknoten in Berlin hatte. Der ehemalige Nachrichtenbunker der Reichsbahn überstand das Kriegsende und steht bis heute am Halleschen Ufer in Berlin-Kreuzberg. Noch heute stehen die Streckenfernsprecher entlang der Bahnlinien, früher einziges Kommunikationsmittel für die Lokführer zum verantwortlichen Fahrdienstleiter.

Anhang 01: Streckentelefone stehen meist in der Nähe von Signalen und werden heute nur noch in Notfällen oder bei Streckenarbeiten genutzt!

Parallel zum drahtgebundene Netz existiert entlang der Bahnstrecken das Betriebsfunknetz der Bahn, der sog. »Zugfunk«. Heutzutage sind alle wichtigen Strecken in Deutschland mit Bahnfunkanlagen ausgerüstet, die ein drahtloses Kommunizieren zwischen Lokführern und Fahrdienstleitern ermöglichen. Das Teildigitalisierte Bahnfunksystem wurde in den frühen 70er Jahren von der Deutschen Bundesbahn aufgebaut und weist Ähnlichkeiten mit dem schon abgeschalteten C-Autotelefonnetz auf.

12.1.1 Grundsätzliche Funktionsweise

Bedingt durch große Störpegel funkender Stromabnehmer und Umrichteranlagen, fiel die Wahl auf Frequenzen im Bereich von 460 bis 470 MHz unter Verwendung der Modulationsart FM. Um einen komfortablen Gegensprechbetrieb zu ermöglichen, sollten die Funkverbindungen möglichst vollduplex erfolgen. Doch das schwierigste Problem war die lückenlose Funkversorgung der Bahnstrecken mit Längen von mehreren 100 Kilometern. Der Bau von Funkstationen entlang der Bahnstrecken war nötig. Doch man musste sich etwas einfallen lassen, denn ein Streckensender mit 6 Watt Ausgangsleistung konnte im Mittel nur etwa 5 km Strecke versorgen. Es gab nun zwei Möglichkeiten für den Betrieb dieser vielen Stationen.

Möglichkeit 1: man lässt alle Sender entlang der Strecke auf derselben Sendefrequenz laufen, im sog. Gleichwellenbetrieb. Da sich die Versorgungsbereiche der aneinander gereihten Sender überlappen, kann es aber zu unangenehmen Begleiterscheinungen kommen. Es entstehen beispielsweise Pfeiftöne durch Interferenzen überlappender Funksignale oder Verzerrungen der Sprachmodulation durch Laufzeitunterschiede. Tatsächlich lassen sich diese Probleme heute lösen, bedingen aber einen hohen technischen und finanziellen Aufwand. Daher wird dieses Verfahren derzeit nur für Speziallösungen in Gebieten hoher Streckendichte verwendet.

Möglichkeit 2: man betreibt die Sender entlang der Strecke auf sich regelmäßig abwechselnden Sendefrequenzen. Dadurch sind sie frequenzmäßig voneinander entkoppelt und beeinflussen sich gegenseitig nicht. Als sehr zweckmäßig für den Betrieb der Streckensender hat sich dabei die Verwendung von jeweils drei alternierenden Sendefrequenzen pro Arbeitskanal in einem Streckenabschnitt herausgestellt. Der Funkempfänger in der Lok arbeitet also wie ein Scanner, denn er muss die drei gleichzeitig angebotenen Sendefrequenzen der Streckenstationen ständig auf verwertbare Träger absuchen. Der Sender im Lokfunkgerät (ebenfalls 6 Watt Ausgangsleistung) kann dagegen auf einer Arbeitsfrequenz bleiben, Interferenzen mit anderen Loksendern sind hier nicht zu erwarten. Pro Streckenabschnitt ist am Funkgerät also ein Arbeitskanal aktiv, dem vier Einzelfrequenzen zugeordnet sind. Welcher Kanal geschaltet sein muß, entnimmt der Lokführer übrigens dem sog. »Geschwindigkeitsheft«, einer Beschreibung der gesamten Fahrtstrecke mit allen Vorgaben zu den einzelnen Streckenabschnitten. Ist der Kanal eingestellt, wird nur eine Frequenz für die Verbindung des Loksenders zu den Streckenstationen, die ihre Empfänger alle auf den gleichen Kanal eingestellt haben, verwendet. Zum Funkverkehr wären von den insgesamt vier eingesetzten Frequenzen eigentlich nur zwei zur Kommunikation notwendig, dennoch wird auf allen drei Frequenzen der Sender des Streckenabschnittes die gleiche Sendung ausgestrahlt, um dem Lokempfänger ständig Alternativfrequenzen entlang seines Weges zur Verfügung zu stellen. Auf einem solchen Arbeitskanal ist immer nur eine Duplexverbindung möglich, andere Züge in diesem Streckenabschnitt müssen sich gedulden, bis der hier verwendbare Kanal mit seinen vier Einzelfrequenzen wieder frei wird. Ein freier Kanal wird vom Funkgerät der Lok übrigens automatisch an seinem »Freizeichen« erkannt (2280 Hz Dauerton). Dieses Freizeichen ermöglicht dem Empfänger der Lok erst die automatische Frequenzwahl, d.h. das eigenmächtige Suchen des besten Empfangsträgers des eingestellten Kanals. Kommt es während eines Funkkontaktes zu Empfangsschwierigkeiten im Lok-Empfänger, sucht dieser nämlich blitzschnell auf den beiden alternativen Empfangsfrequenzen nach einem besseren Pegel. Bei Gefahr drückt der Lokführer auf die Notruftaste, erzeugt mit seinem Gerät einen speziellen Signalisierungston und bekommt sofort eine Funkverbindung. Auch bereits bestehender Funkverkehr auf diesem Kanal würde sofort unterbrochen! Um die vielen Streckenkilometer also ohne gegenseitige Störungen zu versorgen, ist eine sinnvolle Auswahl der Arbeitskanäle nötig, welche die einzelnen Streckenabschnitte versorgen. Gerade bei mehreren parallel laufenden Gleisen (etwa in Bahnhofsbereichen), kann es dennoch zu gegenseitigen Beeinflussungen kommen. Denn auch hier gibt es gelegentlich Überreichweiten der Funkfrequenzen, was zu einem Empfang des gleichen Kanals eines benachbarten Gleisabschnittes führen kann. In hartnäckigen Fällen hilft hier nur der Einsatz der bereits erwähnten Gleichwellensender weiter.

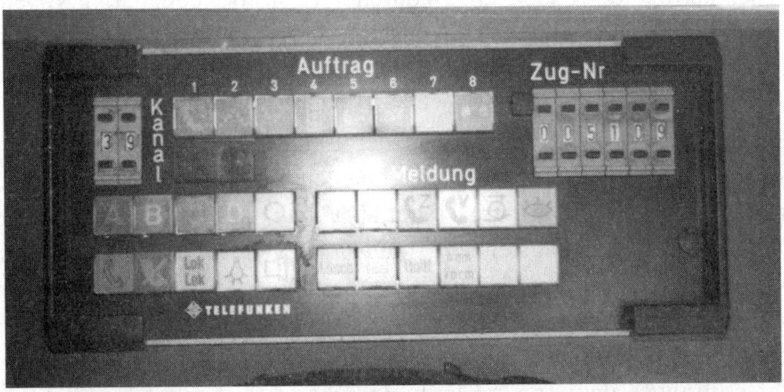

Anhang 02: Tausende dieser Zugfunkgeräte werden mit der Einführung von GSM-R wohl auf dem Schrottplatz oder auf Bastlertischen landen!

12.1.2 Bedienung des Funkgerätes

In der Praxis gestaltet sich die Bedienung des Funkgerätes für die Lokführer sehr einfach. In seiner Fahranweisung (»Geschwindigkeitsheft«) findet er nämlich für jeden befahrenen Streckenabschnitt auch den Funkkanal, den er einstellen muss. Die automatische Frequenzwahl seines Empfängers während der Fahrt bemerkt der Lokführer genauso nicht, wie laufende Funkgespräche anderer Lokführer zur Zentrale. Dank Selektivruf kann man das System auch eher als Funktelefonanlage bezeichnen. Dazu ist am Gerät auch noch die Zugnummer einzugeben, die gleichzeitig als Selektivrufnummer des Zuges für das Funksystem dient. Der Fahrdienstleiter kann jeden Lokführer unter seiner Zugnummer einzeln ansprechen, umgekehrt erscheint die jeweilige Zugnummer im Display der Funkzentrale, wenn ein Lokführer dort anruft. Möglich wird das durch die zusätzliche Übertragung von 600 Baud-Datentelegrammen während des Rufaufbaues. Neben dem Selektivruf ist natürlich auch ein Sammelruf an alle Loks gleichzeitig möglich, sogar einige Fernsteuerfunktionen stehen dem Fahrdienstleiter zur Verfügung. Anrufe der

Anhang 03: Vermittlungsplatz in einem Stellwerk

Lokführer können vom Fahrdienstleiter auch ins Telefonnetz weitervermittelt werden. Dieser sehr komfortable (Funktelefon-) Betrieb wird auch Modus A genannt, der auf allen wichtigen Strecken verfügbar ist. Darüber hinaus lassen sich am Gerät noch drei andere Betriebsarten wählen, um das Gerät den unterschiedlichen funktechnischen Gegebenheiten anpassen zu können: So beispielsweise den Modus B, der auf die Datenübertragung vollständig verzichtet und damit keinen Selektivruf eines Zuges mehr erlaubt. Die automatische Frequenzwahl des Lokempfängers wird aber auch in dieser Betriebsart noch durchgeführt, die meist bei technischen Störungen im Modus A aktiviert wird. Den Empfänger stört es übrigens nicht, wenn er statt drei verschiedener Frequenzen immer nur die gleiche (so bei Gleichwellenbetrieb!) angeboten bekommt. Solange ein ausreichend starker Träger angeboten wird, bleibt die automatische Frequenzwahl auf diesem stehen. Für Fahrten im Ausland gibt es dann noch den Modus D, bei dem weder eine Datenübertragung, noch die automatische Frequenzwahl durchgeführt wird. Das Gerät wird dann einfach per Kanalschalter auf einen festen Duplexkanal geschaltet. Damit sollen auch Verbindungen auf dem kleinsten gemeinsamen Nenner mit anderen Bahngesellschaften ermöglicht werden. Interessant ist dann noch die Betriebsart C, die ausschließlich in Bahnhöfen eingeschaltet wird. Das gerade noch so komfortable Bahnfunkgerät verwandelt sich dann in ein einfaches Simplexgerät und ermöglicht Wechselsprechen zu den Handfunkgeräten des Rangier- und Aufsichtspersonales im Bahnhof. Auch diese C-Kanäle sind im sog. Geschwindigkeitsbuch des Lokführers zu finden.

Obwohl sich das System als sehr leistungsfähig und zuverlässig erwiesen hat, ist es nicht europaweit nutzbar. Eingeführt wird derzeit ein Verfahren namens GSM-R(ail). Das verbreitete GSM-Verfahren, das eigentlich für Mobiltelefonnetze gedacht war, wurde dazu entsprechend modifiziert. Es bietet sich durch seinen zellularen Aufbau für eine Versorgung von Bahntrassen geradezu an. Ziel ist auch die Schaffung eines einheitlichen Systems in ganz Europa. Neben komfortablen Telefonverbindungen versucht man aber auch, bestehende Sicherheitssysteme und Signaleinrichtungen mit einzubinden. Sollte es gelingen, bahneigene Sicherheitssysteme in das neue GSM-R zuverlässig zu integrieren, kann möglicherweise auf die kostenintensive Verlegung vieler Signalkabel entlang der Bahnstrecken verzichtet werden. Das GSM-R System wird derzeit entlang aller wichtigen Strecken installiert und dürfte in Kürze in Betrieb gehen. Damit werden tausende alter Zugfunkgeräte in ihren wohlverdienten Ruhestand gehen.....

12.1.3 Arbeitsfrequenzen für Betriebsmodi A und B:

Kanal-Nr.	*Fahrzeugsende-frequenz*	*Fahrzeugempfangs-frequenzen*
50	457.500	467.450 467.500 467.550
51	457.550	467.500 467.550 467.600
52	457.700	467.650 467.700 467.750
53	457.825	467.775 467.825 467.875
54	457.925	467.875 467.925 467.975
55	458.000	467.950 468.000 468.050
56	458.200	468.150 468.200 468.250
57	458.250	468.200 468.250 468.300
61	457.575	467.525 467.575 467.625
62	457.625	467.575 467.625 467.675
63	457.675	467.625 467.675 467.725
64	457.750	467.700 467.750 467.800
65	457.800	467.750 467.800 467.850
66	457.875	467.825 467.875 467.925
67	457.950	467.900 467.950 468.000
68	458.075	468.025 468.075 468.125
69	458.125	468.075 468.125 468.175

Mit einem Scanner ist der Empfang des klassischen Bahnfunks (noch) problemlos möglich. Das neue GSM-R Verfahren ist ebenso verschlüsselt wie Handynetze, ein Empfang mit klassischen Empfängern nicht mehr möglich.

12.2 BOS der Klassiker

Die Entstehung des Polizeifunks geht auf das Jahr 1936 zurück, bereits damals wurden erste Versuche unternommen, Polizeifahrzeuge mit Sprechfunkgeräten auszurüsten. So unternahmen damals die Firmen Lorenz und Telefunken im Frequenzbereich von 42 bis 48 MHz ersten Betriebsversuche. Schließlich wurde dann 1940 in Berlin das erste Polizeifunknetz installiert, welches im Bereich von 27,3 bis 27,5 MHz im Gegensprechbetrieb betrieben wurde. Die Fahrzeugstationen arbeiteten mit amplitudenmodulierten und 8Watt leistenden UKW-Röhrensendern, welche wegen ihrer hohen Betriebsspannung nicht direkt an der Autobatterie, sondern über sog. Zerhacker oder Umformer betrieben wurden. Im

Juni 1943 kamen schließlich auch in Hamburg erste »Funk-Streifenwagen« zum Einsatz, die bereits die störungsärmere Frequenzmodulation verwendeten. Der Verlauf des Krieges verhinderte allerdings den planmäßigen Aufbau weiterer Funknetze in den Städten, so dass zunehmend improvisiert wurde. Nach dem Kriege sollte es noch viele Jahre dauern, bis die traditionsreiche deutsche Funkindustrie wieder richtig aktiv werden konnte. Zunächst wurden viele Polizeireviere mit quarzgesteuerten Kanalgeräten (sog. »Wenigkanalgeräte«) ausgerüstet. Erst im Jahre 1965 kam die Firma Telefunken mit einer echten Neuentwicklung auf den Markt, die eigentlich für den Bundesgrenzschutz gedacht und ihrer Zeit weit voraus war, dem »Vielkanalgerät« FuG7. Es hatte für den damaligen Stand der Technik geradezu bahnbrechende technische Daten: 100 Wechselsprechfrequenzen / bzw. 50 Gegensprechfrequenzen im Vollduplexbetrieb. Dabei war es nur mit 10 Quarzen bestückt! Zudem war es sowohl als Mobil-, Fest- und Relaisstation tauglich, konnte über eine sog. Feldfunkgabel direkt an Telefonleitungen betrieben werden und war für unterschiedliche Stromversorgungssituationen vorbereitet.

Das im 50kHz-Frequenzraster arbeitende Gerät war zwar teuer, aber geradezu ideal für den Polizeieinsatz und es war schließlich das bayerische Innenministerium, welches 1957 als erste Behörde die neuen Geräte für den Regierungsbezirk Unterfranken bestellte. Dieser Schritt sollte wegweisend für alle anderen Verwaltungen in der damaligen Bundesrepublik sein, womit sich dieser Gerättyp zum Standard für viele Jahre etablieren sollte. Weitere technische Verbesserungen führten schließlich zum FuG7a, welches ein abgesetztes Bedienteil aufwies und somit in jedem Fahrzeug montierbar war. 1966 erschien das noch heute verwendete FuG7b, der ersten voll transistorisierten Version mit einem Gewicht von 11 kg. Zudem waren mit der Einführung des 20kHz-Frequenzrasters jetzt 240 Wechselsprechkanäle (bzw. 120 Gegensprechkanäle) verfügbar und das bei weiter verringerter Leistungsaufnahme des Gerätes. Brauchte man zum Betrieb des FuG7a noch eine zusätzliche Lichtmaschine im Streifenwagen, so erfolgte die Stromversorgung des neuen Typs am bereits vorhandenen Bordnetz.

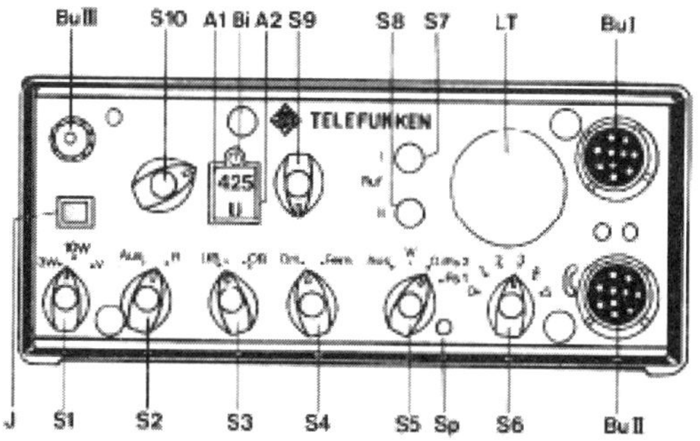

S1	Sendeleistungsschalter - 3 Watt / 10 Watt / V. Bei Verstärkerbetrieb (V) ist Senden nicht möglich, das Gesprochene wird über einen Außenlautsprecher ausgestrahlt.
S2	Rauschsperrenschalter
S3	Bandlagenschalter (Unterband / Oberband)
S4	Umschaltung von Ort auf Fernbedienung
S5	Verkehrsartenschalter
S6	Lautstärkeschalter
S7	Tonruftaste I (1750 Hz)
S8	Tonruftaste II (2135 Hz)
S9 / S10	Kanalwahlschalter
A1	Kanalanzeige
A2	Bandlagenanzeige (zeigt an, in welchem Band der eigene Sender liegt)
Sp	Sperre - vermeidet das unbeabsichtigte Einschalten der Relaisschaltung 1
Bu I	Anschlußbuchse für Zusatzgerät z.B. Alarmgeber, Fernbedienung
Bu II	Anschlußbuchse für den Handapparat
Bu III	Anschlußbuchse für die Antenne
J	Instrument für die Betriebsspannungsanzeige
Lt	Lautsprecher

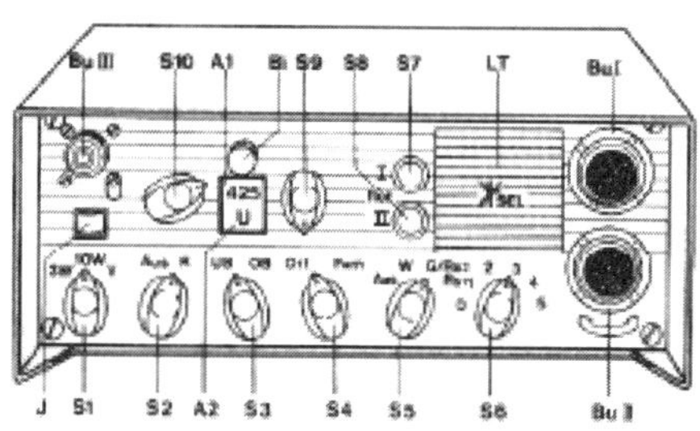

Anhang 04

Abhörsicherheit war bei der Einführung des neuen Polizeifunkdienstes offenbar nie ein ernstes Thema. Viele der verbreiteten UKW-Röhrenempfänger hatten einen Empfangsbereich, der ab Werk bereits bei 85 MHz begann und somit den Empfang der oberen BOS-Kanäle möglich machte! Auch ohne Handscanner wurde der Polizeifunk schon damals vielerorts mitgehört. Die polizeilichen Folgemaßnahmen wirkten eher hilflos, in den 70er Jahren gab es im Zuge der

Terroristenfahndungen sogar Straßenkontrollen der Polizei, bei denen die korrekte Einstellung der Autoradios (Empfang erst ab 87,5 MHz) überprüft wurde!

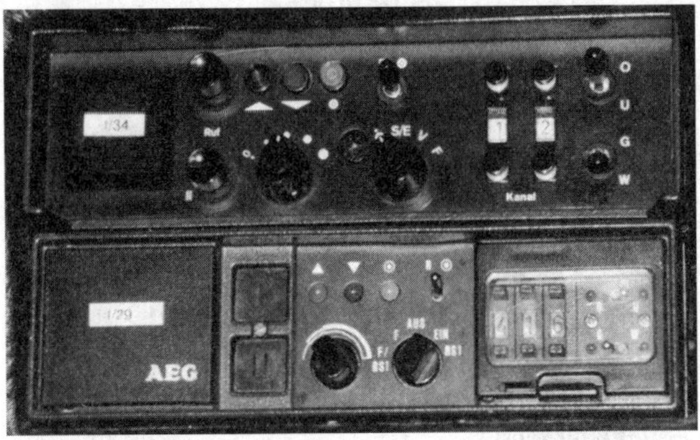

Anhang 05: Ungezählte Geräte verschiedener Generationen und Hersteller sind in Fahrzeuge von Polizei, Rettungsdiensten und Feuerwehren eingebaut. Der 4m-Sprechfunkbetrieb wird meist über Relaisstellen abgewickelt (Gegensprechen). Im 2m-Band arbeitet man gerne auch mit Direktverbindungen (Wechselsprechen)

Der kalte Krieg könnte seinerzeit auch der Grund für andere Frequenzzuweisungen gewesen sein. So steht der Polizei immer noch das 8m-Sprechfunkband (35,22 bis 35,80 und 39,84 bis 38,46 MHz) zur Verfügung, ein Frequenzbereich der regelmäßig vom Militär benutzt wird. Auch die Autobahnmeistereien arbeiteten mit ihrem Betriebsfunk bis vor kurzem auf Militärfrequenzen im Bereich von 34 MHz. Autobahnen dürften in einem militärischen Konflikt nicht nur als Aufmarschstrassen und Nachschubwege, sondern auch als Behelfsstartbahnen für Flugzeuge eine gewichtige Rolle spielen. In der momentanen politischen Situation spielen derartige Überlegungen wohl keine Rolle bei Planungen von neuen Funksystemen mehr, dafür müssen immer stärker gesamteuropäische Überlegungen angestellt werden.

Neben der Polizei arbeiten auch Rettungsdienste, Katastrophenschutz, Feuerwehren auf den BOS-Frequenzen (Frequenzkanäle und Rufnamen sind bundesweit festgelegt). Zu regional festgelegten (und in zahlreichen BOS-Frequenzlisten erfassten) 4m-Funkrelais gesellen sich zahlreiche 2m-Funkrelais, die nur bedarfsweise genutzt werden und deren Existenz weitgehend unbekannt ist. Im BOS-Funk wird weitgehend ohne Selektivuf und Relaisruftöne gearbeitet, in einigen Bereichen hat sich das FMS-Verfahren etabliert. Dabei werden auf Knopfdruck kurze Datentelegramme mit Routinemeldungen abgesendet und teilen der Zentrale den Einsatzstatus des betreffenden Fahrzeuges mit. Bei Großveranstaltungen werden von Polizeihubschraubern auch Videos auf 2,4 GHz zur Einsatzzentrale gesendet, ein Verfahren, das auch bei Sportübertragungen (»Tour de France« oder »Berlin-Marathon«) zum Einsatz kommt. Polizeivideos aus Hubschraubern blenden meist GPS-Koordinaten direkt in das Bild ein.

12.3 Bundeswehr

Die Bundeswehr verfügt über ein drahtgebundenes Kommunikationsnetz, das auch als »S1-Netz« bezeichnet wird. Das Netz ist sehr weitläufig und verbindet Kasernen, Kommandozentralen und diverse Dienstellen miteinander. Bis vor kurzem waren noch viele Knotenpunkte des Netzes mit Handvermittlungen ausgerüstet, aus gutem Grund: Das »Fräulein vom Amt« konnte die Wichtigkeit (Normal-, Blitz-, oder Staatsgespräche) aller auflaufenden Anrufe abfragen und entsprechend reagieren, ein Leistungsmerkmal, das vollautomatisch arbeitende Anlagen bis heute nicht bieten. Dennoch wird derzeit auf ISDN umgerüstet, wohl auch wegen der multimedialen Eigenschaften von ISDN. So verwundert es auch nicht, wenn es mittlerweile Feldtelefone in ISDN-Technik gibt!

Nicht wenige der grauen Verteilerkästen (Typ »AK65«), die einsam in unserem Land herumstehen, sind Anschlusspunkte an eben dieses Bundeswehr-Grundnetz. Die hier ankommenden Leitungen werden allerdings bedarfsweise beschaltet. Das weitläufige Kommunikationsnetz ist nicht die einzige Vorbereitung auf den Ernstfall. Alle potentiellen Verteidigungs- und Aufmarschgebiete sind für militärische Einsätze vorbereitet. So können Autobahnteilstücke auch als Flugplätze genutzt werden und Brücken sind bereits zur Sprengung vorbereitet. Wer sich genauer dafür interessiert, sollte mal unter *www.lostplaces.de* im Internet nachsehen.

Anhang 06: Mobile Kurzwellenstationen der Bundeswehr arbeiten stets verschlüsselt und neuerdings mit ALE-Verfahren

Kurzfristig können aber auch mobile Anlagen aufgebaut werden. Beinahe automatisch arbeitende, mobile Kurzwellenfunkstationen stehen in großer Anzahl zur Verfügung. Sie arbeiten nach dem Automatic-Link-Establishing (ALE)-Verfahren, bei dem ein Rechner Funkgerät und Antenne ansteuert. Der Funker tippt den Funkspruch als E-Mail in den Rechner ein und schickt ihn ab. Die Daten werden dann automatisch verschlüsselt und nach einem vorgegebenen Frequenzplan über Kurzwelle an die Gegenstation übertragen. Da alle übertragenen Datenblöcke von der Gegenstation bestätigt (und bei Fehlübertragung wiederholt) werden, ist das Verfahren auch gegen Störsender oder natürliche Funkstörungen relativ unempfindlich.

Anhang 07: Ein mobiler Richtfunkturm ist Bestandteil jeder mobilen Raketen-Stellung und sorgt für die Vernetzung mit der Feuerleitstelle

Bei Waffensystemen müssen natürlich größere Datenmengen übertragen werden. So etwa Zielzuweisungen eines übergeordneten Radarsystems an die angeschlossenen Waffensysteme. Bei Luftverteidigungssystemen der Bundeswehr kommen mobile Richtfunksysteme mit einer Arbeitsfrequenz von 4,5 GHz und einer typischen Reichweite von 50 km zum Einsatz. Dadurch können die Waffensysteme »Patriot«, »Hawk« und »Roland« datenmäßig miteinander verbunden werden. Aufgebaut ist ein mobiles Richtfunksystem recht schnell, der hydraulische Mast fährt in wenigen Minuten aus, die Antennen können motorisch ausgerichtet werden. Auch diese Daten werden verschlüsselt übertragen!

Große Bekanntheit hat auch das SAR(**S**earch **A**nd **R**escue)-Netz erlangt, primär zum Auffinden und Bergen abgestürzter Militärpiloten eingerichtet. Dabei übernehmen SAR-Hubschrauber momentan auch zahlreiche zivile Rettungsaufgaben. Damit die Einsatzzentrale auf der zivilen Flieger-Notfrequenz 123,10 MHz (AM) immer erreichbar bleibt, ist Deutschland mit einem flächendeckenden Relaisfunknetz von 33 Fernbedienten Sende-/Empfangsstationen überzogen. Ausgelöste Schleudersitze senden auf dieser Frequenz übrigens automatisch ein »BailOut«-Signal und erleichtern damit ihr schnelles Auffinden. Die SAR-Zentrale für landgestützte Einsätze befindet sich in Münster, beim Lufttransportkommando der Bundeswehr. Diese Kommandostelle ist auf USB 5687 kHz in ganz Europa regelmäßig und im Klartext empfangbar.

Anhang 08: Kurzwellenantenne an einem Hubschrauber des Typs Bell UH-1D

12.4 Funkruf und was daraus wurde

Nach dem Abschalten des Eurosignals (es markierte über viele Jahre das untere Bandende des UKW-Rundfunkes auf 87,5 MHz) in den 80er Jahren wurde eine neue Runde bei den Funkrufdiensten eingeläutet. Das Eurosignal hatte sich bis dahin einen guten Ruf erworben. Die leistungsstarken Sendeanlagen arbeiteten mit Dauerträger, die Rufe wurden als Tonfolgen an die Piepser gesendet. Die taschengroßen Empfänger funktionierten auch noch im Keller und in Fabrikhallen zuverlässig und waren deshalb von ihren Besitzern hochgeschätzt. Doch das System hatte auch Nachteile: Wenn der Empfänger auslöste, begann meist eine fieberhafte Suche nach dem nächsten Telefon, denn weiterführende Informationen wurden vom System nicht übertragen.

Anhang 09: Textempfänger »scall«, nett gemacht, aber chancenlos gegen die Handywelle

Das sollte mit der nächsten Generation anders werden, neben dem Ruf sollten auch Texte übertragen werden! So begann eine neue Ära der Funkrufdienste, die gleich von mehreren Anbietern vorangetrieben wurde. So entstanden mehrere neue Funkrufnetze, das Eurosignal-System wurde abgeschaltet. Da man junge Leute erreichen wollte, bekamen die neuen Systeme auch recht pfiffige Namen wie »scall«, »telmi« oder »skyper«. Die taschengroßen Empfänger gab es in neonfarbenen oder durchsichtigen Gehäusen, dem Geschmack der Zielgruppe entsprechend. Die Arbeitsfrequenzen lagen alle im Bereich von 450 MHz, je nach Netzbetreiber. Als Übertragungsstandard auf der Luftschnittstelle diente meist das neue POCSAG-Format, das alphanumerische Zeichen übertragen kann.

Anhang 10: Textnachtrichten konnten mit »Tipsend« über jedes Telefon via Akustikkoppler abgesendet werden

Die Textnachrichten konnten per Telefonanruf, Internet oder einem speziellen Gerät mit der Bezeichnung »TipSend« erzeugt werden. Viele Textnachrichten wurden aber auch automatisch erzeugt, so beispielsweise von Computeranlagen oder großen Maschinen, die bei Störungen eine entsprechende Meldung über die Telefonleitung absetzten und so den Verantwortlichen informierten. Tausende Funkrufempfänger wurden verkauft, die Hausdächer füllten sich mit Funkruf-Basisstationen, die ihre Informationen über Satellit empfingen und auf ihrer Arbeitsfrequenz als POCSAG-Telegramm wieder abstrahlten. Um sich nicht gegenseitig zu stören, arbeiteten die räumlich verteilten Basisstationen nach einem zeitlich gestaffelten Sendeschema. Jede Meldung wurde mehrfach ausgestrahlt, damit der Empfang der Nachrichten gewährleistet war.

Anhang 11: Pager-Basisstation, als diese Aufnahme entstand, war die Eigentümerfirma bereits pleite! Die Daten wurden hier über einen Satelliten-Link zugespielt.

Doch es sollte nur ein kurzes Intermezzo werden, denn auch die Handynetze waren bereits auf dem Vormarsch. E-Plus (neben D1 und D2) war gerade als dritter Anbieter ins Mobilfunkgeschäft eingestiegen und hatte auf seinen Nokia-Basisstationen die neueste Technik im Einsatz. Damit war es erstmals auch möglich, kurze Textnachrichten (Short Message Service) zu übermitteln. Auch war das Nokia PT-11 das erste Handy auf dem Markt, das diesen Dienst unterstützte. Zunächst war man sich gar nicht sicher, ob so etwas gebraucht würde und so bot man SMS zunächst kostenlos an! Kurze Zeit später bekamen auch die D-Netze eine neue Firmware auf ihre Basisstationen und SMS als neues GSM-Feature war geboren. Der Erfolg war durchschlagend und immer mehr Nutzer wollten gar nicht mehr telefonieren, sondern nur noch Kurznachrichten verschicken....

Für die Funkrufdienste war diese Entwicklung weniger gut, ihre Geräte waren schlichtweg überflüssig geworden! Nahezu alle Funkrufdienste wurden nach und nach eingestellt, einige der Betreiberfirmen gingen Pleite. Die Systemtechnik stand noch lange Zeit verwaist auf den Dächern, selbst zum Abbau war kein Geld mehr da!

Zahllose Pager und sogar ganze Funkruf-Basisstationen tauchten plötzlich und gelegentlich original verpackt auf Flohmärkten auf. Mittlerweile werden Pager von Funkamateuren aber auch zahlreichen Feuerwehren (vorzugsweise auf den »neuen« 2m-Kanälen 101-125) zur stillen Alarmierung genutzt. Das geht freilich nicht ohne weitere Infrastruktur in den Feuerwehr-Funknetzen. Empfangene 5Ton-Folgerufe auf den 4m-Frequenzen werden dazu in Alarm-Umsetzern auf das POCSAG-Format umgesetzt, anschließend auch in den 2m-Bereichen ausgesendet. POCSAG-Sendungen sind problemlos empfang- und mit entsprechender PC-Software dekodierbar!

12.5 Drahtfunktechnik

Begonnen hatte die Drahtfunktechnik in den 20er Jahren. Die Elektrizitätswerke erkannten schnell, dass sie über ihre Hochspannungs-Freileitungen nicht nur elektrische Energie, sondern auch Telefongespräche übertragen konnten. Das war auch dringend nötig, denn Telefonleitungen gab es damals noch nicht überall und diese wurden bei Gewitter und nachts abgeschaltet. Und so haben Stromversorgungsunternehmen bereits frühzeitig die Vorteile betriebsinterner Nachrichtenwege zu schätzen gelernt und bereits ab den 30er Jahren spezielle Verfahren zur Telefonie über Hochspannungsleitungen erdacht. Die Informationen werden über Trägerfrequenzwellen (im Bereich von 300 bis 500 kHz) im Langwellenbereich aufmoduliert. Hochspannungsfeste Kondensatoren verbinden Sender und Empfänger mit den Spannungsführenden 110 kV-Freileitungsdrähten. Diese Art von Drahtfunk (auch »TFH« genannt) wird bis in die heutigen Tage verwendet.

Anhang 12: Einspeisung eines TFH-Langwellensignales mit Telemetriedaten in eine 110kV-Freileitung

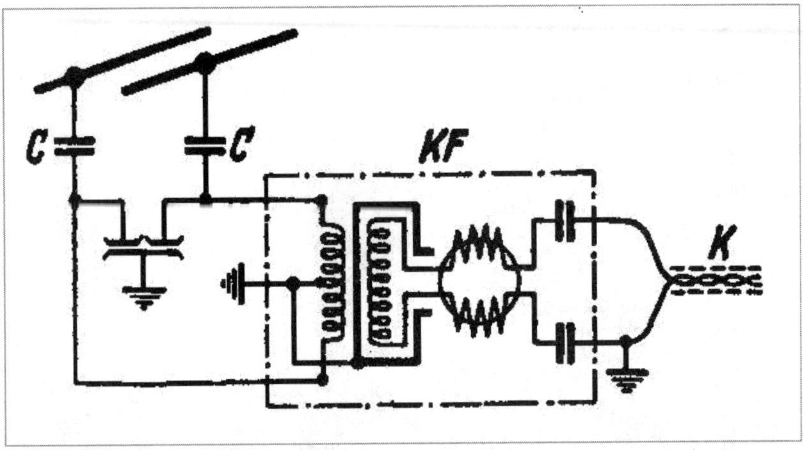

Anhang 13: Schaltplan der Einspeisung auf eine 110kV-Überlandleitung

Heute hat man freilich mehr technische Möglichkeiten und nutzt auch Glasfaserleitungen, die sich im Inneren des Erdseiles befinden. Dabei handelt es sich um das oberste Drahtseil jeder Hochspannungsfreileitung, das nur zu Blitzschutzzwecken dient. Aber auch zahlreiche Richtfunkstrecken werden für Fernsteuerungs- und zur Messdatenübertragung genutzt. Kleinere Umspann- und Kraftwerke werden heute ausschließlich ferngesteuert betrieben. Über entsprechende Langwellenempfänger wurden diese »Sendungen« auf gleiche Weise wieder ausgekoppelt und mit speziellen fest abgestimmten Empfängern hörbar gemacht. Natürlich wurde das Verfahren nicht nur zum Telefonieren, sondern auch zu Fernsteuer- und Telemetriezwecken innerhalb der Umspannwerke verwendet, was sich derart gut bewährte, dass manche Energieversorger bis heute solche Übertragungsstrecken betreiben. Da heute nur noch wenige dieser Anlagen dienst tun und zudem meist irgendwelche Telemetriedaten übertragen werden, macht ein Lauschangriff kaum Sinn.

Natürlich hatten auch die Rundfunkdienste diese Entwicklungen beobachtet und griffen schließlich auch auf diese Technik zurück. Man überlegte den Aufbau eines deutschlandweiten Drahtfunknetzes, die Programme sollten auf Telefonleitungen mit übertragen werden. Der zweite Weltkrieg verhinderte zunächst die landesweite Umsetzung des Projektes, während des Krieges griff man auf diese Technik aber wieder zurück. Rundfunkprogramme und Luftlagemeldungen wurden als LW-Drahtfunk auf die Telefonleitungen geschaltet und jeder Langwellenempfänger, dessen Antennenbuchse mit einer Telefonleitung oder dem Telefongehäuse verbunden war, konnte diese Sendungen problemlos abhören. Dieses beinahe unverwundbare »Kabelnetz« war auch dann noch funktionsfähig, als Deutschland schon in Trümmern lag.

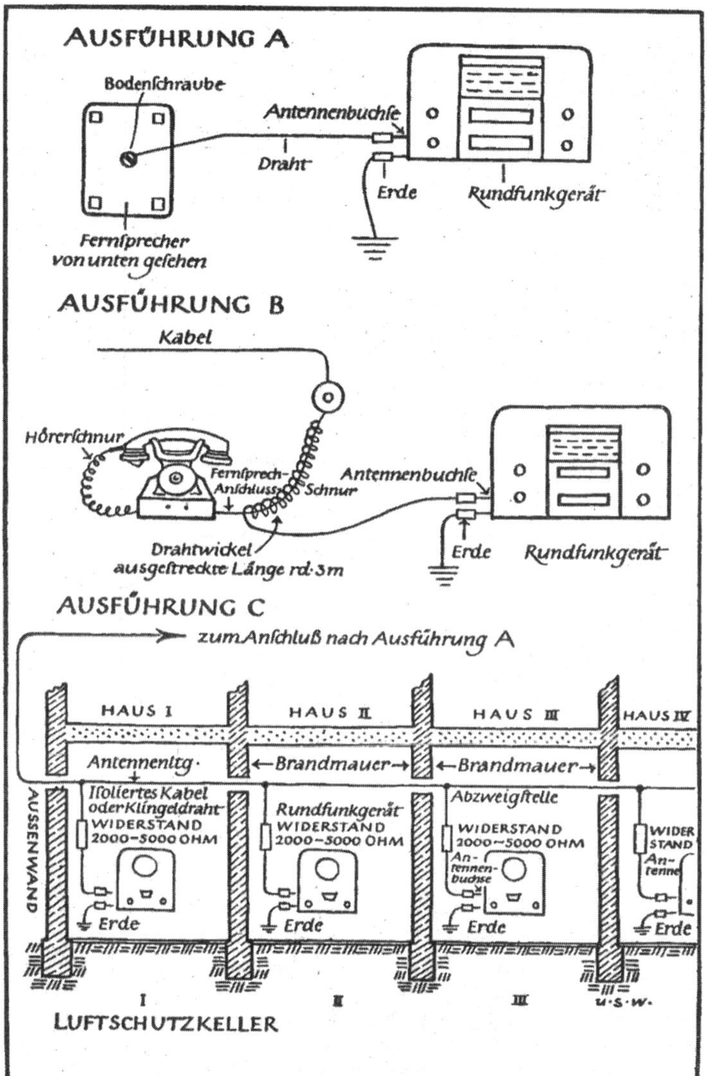

Anhang 14: Während des Krieges speiste man das Drahtfunksignal unsymmetrisch in die Telefonleitungen ein, die unkontrollierte Abstrahlung war eine beabsichtigte Folge. Für den Empfang genügte es schon, das Radio in unmittelbare Nähe irgendeines Telefons zu bringen: Abhören erwünscht!

Auch nach dem Krieg griff man kurzzeitig wieder auf Drahtfunk zurück und als einer der ersten Sender im besetzten Deutschland meldete sich am 7.Feb 1946 der »DIAS-Berlin« (Drahtfunk im amerikanischen Sektor) mit einem Rundfunkprogramm. Erst einige Zeit später entstand daraus übrigens der bekannte Berliner Sender »RIAS-Berlin« (Radio im amerikanischen Sektor). Bis in die 60er Jahre wurden regionale Drahtfunknetze zur Programmverteilung in einigen Gebieten Deutschlands betrieben. Mit dem Flächenversorgenden UKW-Rundfunk wurde das Thema Drahtfunk endgültig zu den Akten gelegt, die regionalen »Drahtfunkämter« in den Ortsvermittlungsstellen der Post abgebaut.

Wer eigene Erfahrungen mit HF-Drahtfunk machen möchte, kann einfache Experimente mit einer billigen Netzsprechanlage machen, mit denen man von Steckdose zu Steckdose sprechen kann. Bei diesen Geräten handelt es sich nämlich um reinrassige »HF-Drahtfunktransceiver«.

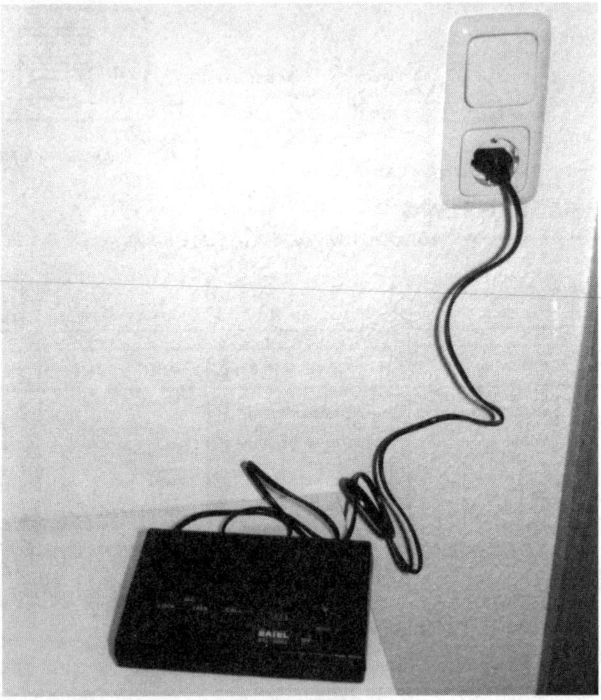

Anhang 15: Netzsprechgeräte arbeiten mit Langwellenfrequenzen, die über vorhandene Netzleitungen übertragen werden. Die Übertragung endet oft genug am Stromzähler, da dessen Spulen als Hf-Drossel wirken. Trotzdem: Abhörgefahr!

Die Geräte arbeiten ein- oder mehrkanalig im Langwellenbereich und koppeln im Sendebetrieb ihr Signal einfach auf die Netzleitungen auf, im Empfangsfall sind sie als FM-Langwellenempfänger geschaltet und hören die Leitung ab. Das für die Versuche eingesetzte Dreikanalgerät arbeitete übrigens auf den Frequenzen 297 kHz, 342 kHz und 387 kHz und die beim Sprechbetrieb generierten Langwellensignale können auch mit einem gewöhnlichen Weltempfänger in unmittelbarer Nähe des Gerätes problemlos abgehört werden. Als Empfänger eignet sich jeder Rundfunkempfänger, der den oberen Langwellenbereich empfangen kann.

Anhang 16: Die langwelligen Aussendungen der Netzsprechanlage können an Netzleitungen und Sicherungskästen problemlos empfangen werden

Um Knack-Störungen wirksam zu unterdrücken, wird bei den meisten Sprechanlagen heute mit Frequenzmodulation gearbeitet, dennoch können die Sendungen in einem Weltempfänger (mit AM-Demodulator) gut hörbar gemacht werden. Speist man ein HF-Signal einer Sprechanlage beispielsweise im Dachgeschoss eines Hauses ein, lassen sich die Signale mit dem Weltempfänger sogar am Elektroverteiler im Keller problemlos wieder empfangen. Diese Versuche bestätigen auf sehr eindrucksvolle Weise, wie gut sich die Langwellen entlang der Energieleitungen ausbreiten.

Auch den Verlauf so mancher Leitung in der Wand kann man auf diese Weise drahtlos erkunden. Diese vorteilhaften Eigenschaften der Hochfrequenz nutzen Kommunikationsunternehmen bei Internetanbindungen von Privathaushalten. Die sog. »letzte Meile« von den Knotenpunkten in die Haushalte stellt ja bekanntlich die kostenintensivste Komponente einer Vernetzung dar. Die bereits verlegten Telefonleitungen werden dazu mit zusätzlichen Trägerfrequenzen beaufschlagt, auf der Daten übertragen werden können. Beim Kunden werden im »Splitter« die nieder- von den hochfrequenten Anteilen getrennt. Die eigentliche Nutzung als Telefonleitung bleibt dabei völlig unangetastet. Ähnlich funktioniert auch PLC (Power-Line-Communication), hier werden die Daten den Netzleitungen der Hausinstallation aufmoduliert. Datenklau dürfte bei diesem Verfahren hier grundsätzlich möglich sein, Erfahrungen stehen noch aus.

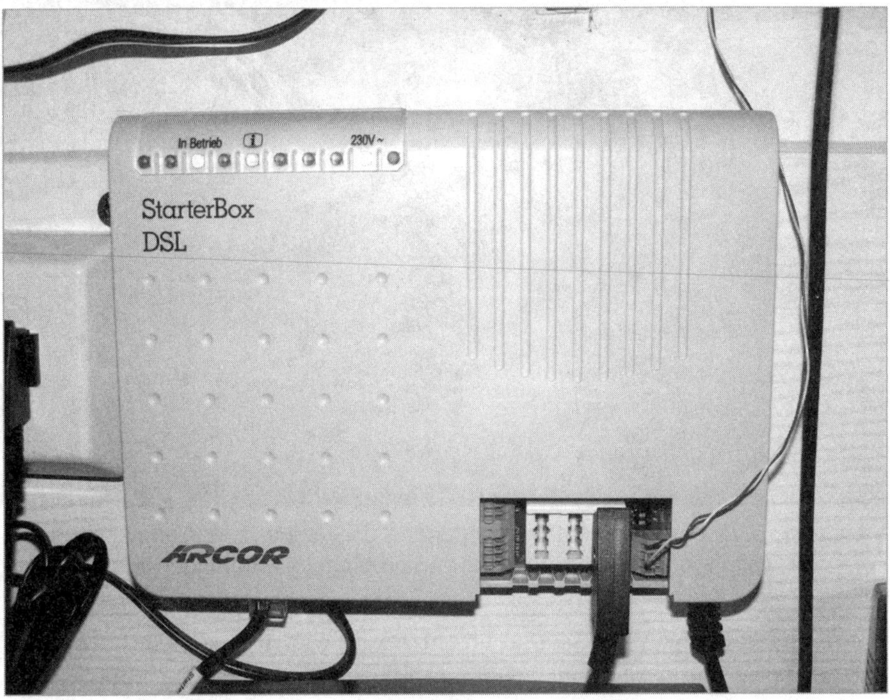

Anhang 17: Im sog. Splitter findet die Trennung zwischen aufmodulierten Hf-Trägersignalen und dem Audiospektrum statt

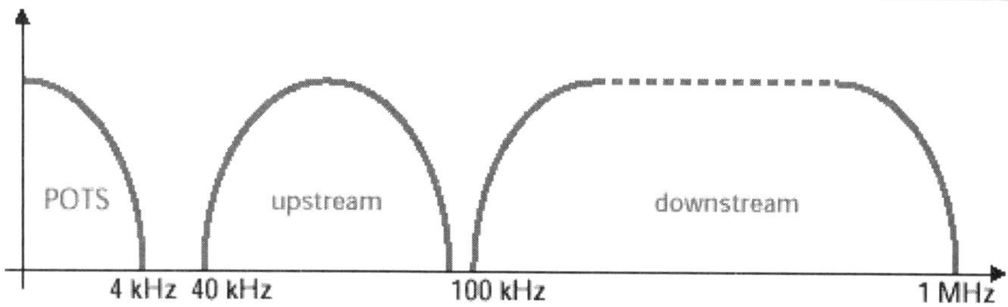

ADSL mit CAP: Prinzip des Carrierless-Amplitude-Phase-Modulationsverfahrens (CAP) in älteren ADSL-Systemen

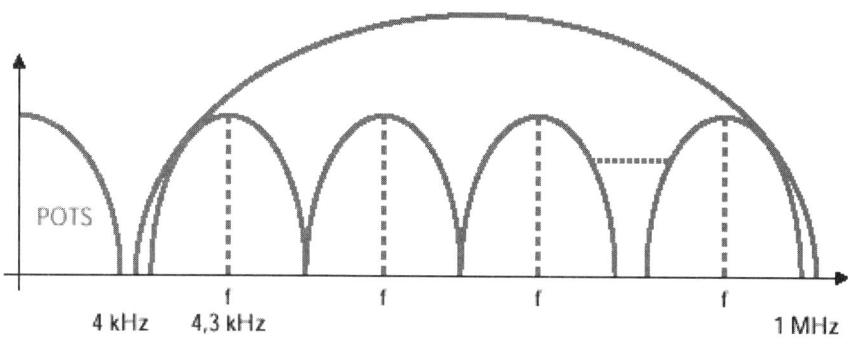

ADSL mit DMT – heute Standard der ANSI: Das Discrete-Multitone-Modulationsverfahren (DMT) arbeitet mit bis zu 256 verschiedenen Trägerfrequenzkanälen, auf denen die zu übertragenden Daten verteilt werden

Anhang 18

Ob und wie viel Hochfrequenz auf einer Leitung ist, kann mit selektiven Voltmetern gemessen werden. Dieses wird auf die Messfrequenz eingestellt, die Signalspannung lässt sich dann präzise ablesen. Während sich die Arbeitsfrequenzen bei unserem Sprechgerät noch bei unter 400 kHz bewegen, benötigt man zur schnellen Datenübertragung Frequenzträger, die bis in den Kurzwellenbereich hineingehen. Dadurch kann es auch zu empfindlichen Störungen in Rundfunkempfängern kommen. Ganze Wellenbereiche werden regelrecht »zugerauscht«.

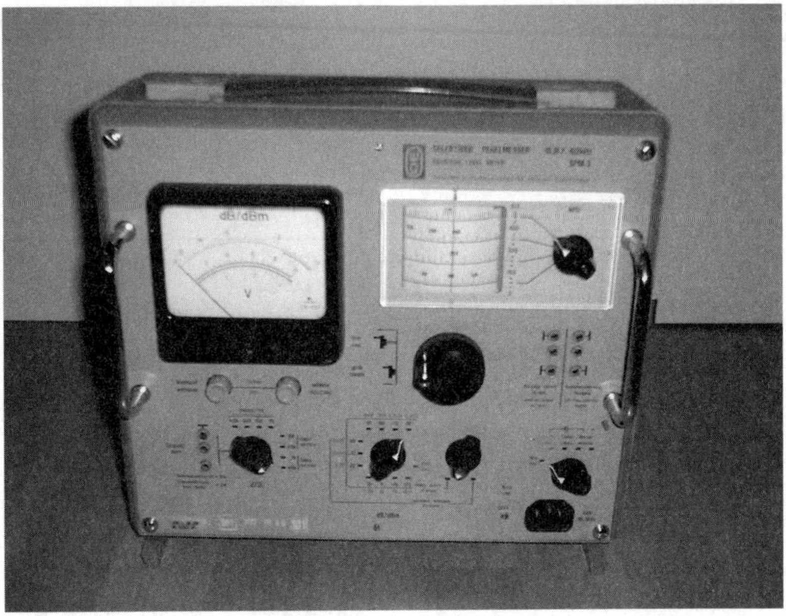

Anhang 19: Ein unbestechliches Messgerät, wenn es um Drahtfunk und Trägerfrequenztechnik geht: das selektive Voltmeter mit einstellbarer Messfrequenz

12.6 Das geheime Kommunikationsnetz der Warnämter

Unter dem Druck des kalten Krieges entstand in den 60er Jahren ein ganz besonderes Nachrichtennetz, dessen Existenz bis heute weitgehend unbekannt ist. Es handelte sich dabei um den Warn- und Alarmdienst der Bundesrepublik Deutschland, der für Sirenenauslösung und Zivilschutzmaßnahmen im Krisenfall verantwortlich war.

Dazu baute man im Deutschland der 60er Jahre ein ganzes Netz von Dienststellen auf, die sog. Warnämter. Diese Gebäude standen meist im Grünen, sorgsam abgeschirmt von der Außenwelt und teilweise verbunkert. Im inneren befanden sich Telefonzentralen, Karten- und Schlafräume. Die Aufgaben eines solchen Warnamtes waren klar geregelt. Im Verteidigungsfall sollten hier alle wichtigen Meldungen über die militärische Lage und deren Gefahrenpotential (etwa atomare, biologische, chemische Kampfstoffe) für den jeweiligen regionalen Verantwortungsbereich erfasst und ausgewertet werden. All diese Meldungen wären hinsichtlich des zivilen Bevölkerungsschutzes bewertet und entsprechende Maßnahmen eingeleitet worden: von der Sirenenauslösung in einer gefährdeten Stadt über die Ausgabe von Verhaltensanweisungen an die Zivilbevölkerung und von der Straßensperrung bis hin zur Zwangsevakuierung ganzer Landstriche!

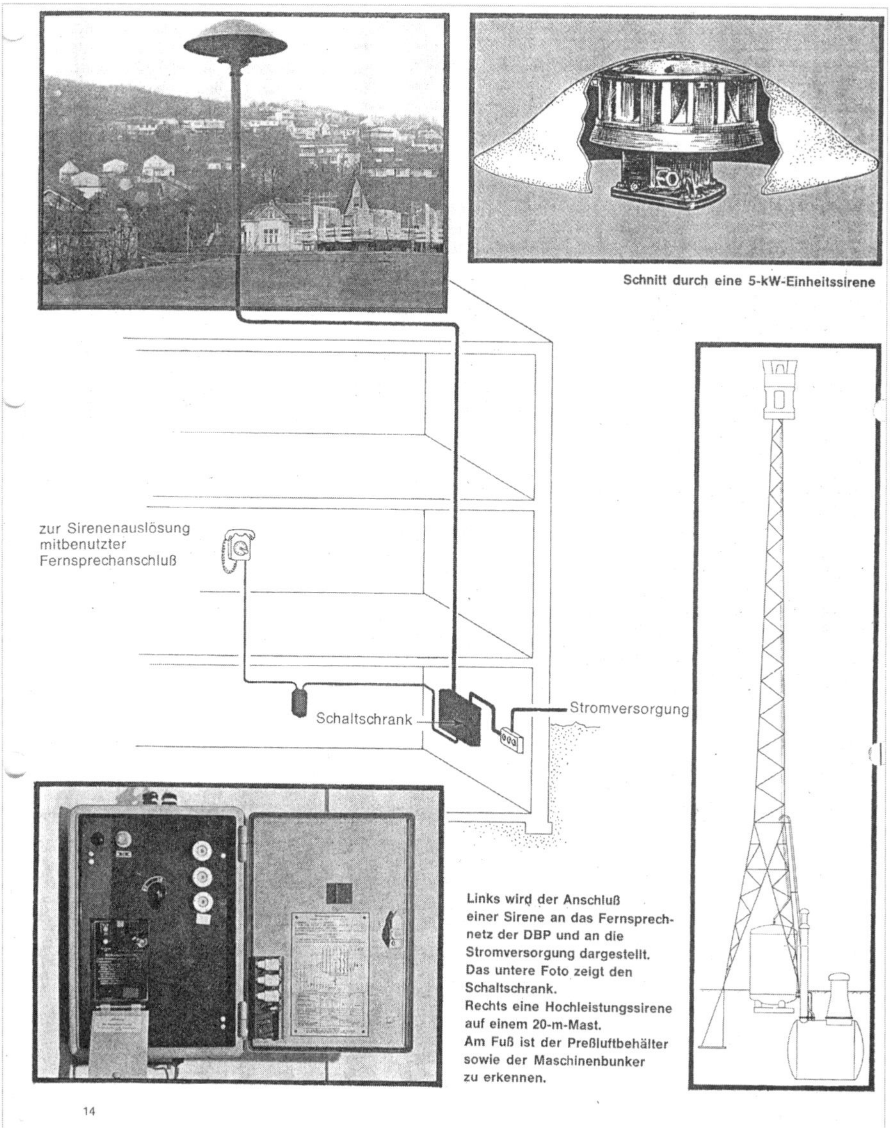

Anhang 20: Die Sirenen wurden über (mitbenutzte) Telefonleitungen gesteuert

Insgesamt gab es 10 solcher Warnämter im Gebiet der damaligen Bundesrepublik Deutschland, jedes mit einem genau definierten Zuständigkeitsbereich. Alle bestehenden Nachrichtenverbindungen des geheimen Warnnetzes waren drahtgebunden und bedienten sich entweder fester Standleitungen oder vorhandener Telefonverbindungen.

Zu allen wichtigen Behörden und Dienststellen waren Post-Standleitungen geschaltet. Die Bundeswehr lieferte mit ihren Radaranlagen (CRC) die aktuelle Luftlage, der Wetterdienst die aktuellen Vorhersagen. Gerade bei der räumlichen Verteilung radioaktiven Fallouts oder chemischer Kampfstoffe waren diese Wetterdaten von eminenter Wichtigkeit für eine Ausbreitungsvorhersage. Die technische Ausrüstung der Warnämter war weitgehend auf dem Stand der 60er Jahre, alle Telefonverbindungen wurden an sog. Klappenschränken bis zuletzt von eigenem Personal handvermittelt. Doch die bewährte Fernmeldetechnik hatte durchaus Sinn, sie war nicht nur ausfallsicher, sondern erlaubte die Einstufung der Wichtigkeit eingehender Anrufe. Anhand der Nachrichtenpriorität wurde ein abgefragter Anruf gar nicht, mit Wartezeit oder auch sofort durchgestellt, eine Funktionalität, die vollautomatische Vermittlungen bis heute nicht bieten können. Natürlich gab es auch reichlich Fernschreibtechnik und die dazugehörigen Lochstreifen- und Verschlüsselungsmaschinen.

Im sog. Operationsraum kamen schließlich alle eingehenden Nachrichten zusammen und wurden in wandgroße Karten eingetragen. Die großflächige Kartendarstellung erleichterte dem Führungspersonal die Entscheidungen und ermöglichte eine umfassende Übersicht. Die angeschlossenen Sirenen konnten vom zuständigen Warnamt direkt ausgelöst werden. Über zahlreiche Standleitungen wurden sog. Warngestelle im örtlichen Fernmeldeamt angesteuert und von dort schließlich alle angeschlossenen Sirenengruppen ausgelöst. Insgesamt gab es in Westdeutschland 80 000 Sirenenanlagen, die meisten vom Einheitstyp 57, einer Elektrosirene mit 5 kW elektrischer Leistung und einer Tonfrequenz von 420 Hz. Aufwendige akustische Tests sorgten dafür, dass die Sirenen auch überall zu hören waren. Neben der Alarmierung der zivilen Bevölkerung gab es zudem noch ein weiteres Informationssystem. Über sog. Warnempfänger wurden in einer Art Telefonrundspruch Informationen des Warnamtes an Behörden und Firmen weitergegeben. Auch dieser Dienst erfolgte über bereits vorhandene Telefonleitungen, die über eine sog. »Warnweiche« beim Teilnehmer bedarfsweise umgeschaltet wurde. Alle Anlagen des Warnamtes wurden regelmäßig überprüft und viele werden sich noch an die alljährlichen Sirenenproben erinnern.

Anhang 21: Schaltkasten einer Sirenensteuerung. Bei Ausfall der elektrischen Zeitsteuerung wurde die Ablaufscheibe manuell aufgezogen, der Sirenentakt wurde dann über Kontakte mechanisch gesteuert

Anhang 22: Ein Abhören des draht gebundenen Warnnetzes war praktisch nicht möglich, es arbeitete auf Telefonleitungen, die im Alarmfall einfach umgeschaltet wurden!

Nach dem Zusammenbruch des Ostblockes hielt man den Zivilschutz in Deutschland nicht mehr für erforderlich und legte das bewährte Sirenennetz in den 90er Jahren aus Kostengründen einfach still. Nicht nur die Warnämter selbst, sondern auch die gesamte Infrastruktur(Standleitungen) und viele Sirenen wurden demontiert und verschrottet. Die heute noch sichtbaren Einheitssirenen werden meist von örtlichen Feuerwehren kleinerer Gemeinden weiter betrieben, welche diese schon vorher mitbenutzt hatten. Die Abschaltung des zivilen Warnnetzes erfolgte trotz der Tatsache, dass sich Warnämter in der Vergangenheit auch bei Naturkatastrophen (Sturmfluten, Waldbrände dgl.) gut bewährt hatten. Ob die Einstellung des zivilen Bevölkerungsschutzes der richtige Schritt war, wird sich erst in der Zukunft zeigen. Einige Städte haben bereits neue Alarmierungseinrichtungen aufgebaut.

Anhang 23: Ein ehemaliges Warnamt mitten im Wald. In mehreren Kelleretagen befinden sich Essensvorräte, Stromerzeuger und Notbrunnen. Die Anlage ist völlig autark!

12.7 TELEX

Anhang 24: »Moderner« Telexarbeitsplatz in den 50er Jahren, der Fernschreiber hatte eine »Online-Verbindung« zum Telex-Netz

Telexnetze besitzen eigenständige Strukturen und nutzen eigenen Leitungen und Vermittlungsstellen. Es arbeitet parallel und damit völlig unabhängig zum Telefonnetz. An seinen Endstellen arbeiteten mechanische oder elektronische Fernschreiber, das sind schreibmaschinenähnliche Maschinen, deren Datenaustausch über 5Bit lange und 50 Baud schnellen Bitfolgen funktioniert. Die Daten werden über eine sog. Stromschnittstelle ausgetauscht, eine sehr robuste und störsichere Übertragungsart. Fernschreiber arbeiten im Dauerbetrieb und sind 24 Stunden am Tag erreichbar, sie können aber ausschließlich Texte (Kleinbuchstaben und Ziffern) senden und empfangen. Die Bedienung eines Fernschreibers ist relativ einfach und weltweit standardisiert: Über eine Telefonwählscheibe wird die gewünschte Fernschreibstelle angewählt, ist die Verbindung aufgebaut, steht eine vollduplexfähige Schreibverbindung von Fernschreiber zu Fernschreiber zur

Verfügung! Die Texteingabe erfolgt über die Schreibmaschinentastatur, die Ausgabe am Empfangsfernschreiber als Druck auf Papier (sog. Blattschreiber), bei einigen Geräten auch auf Papierstreifen. Parallel dazu können bei vielen Modellen auch Lochstreifen eingesetzt werden, die vom Fernschreiber selber gestanzt und gelesen werden können. Dieser »mechanische Speicher« lässt sich recht vielfältig nutzen: eingetippte oder eingehende Texte können parallel zum Ausdruck in einen Lochstreifen gestanzt werden! Später legt man diesen Lochstreifen einfach wieder in den Leser ein und kann den so codierten Text erneut versenden oder ausdrucken. Das geht nicht nur schneller und fehlerfreier als manuelles Eintippen, man kann den so gespeicherten Text für Rundschreiben mehrfach versenden und archivieren.

Anhang 25: Der mechanisch kodierte Kennungsgeber gab jedem Fernschreiber seine Identität

Telexverbindungen gelten als sehr manipulationssicher, dafür sorgt schon der in jedem Fernschreiber eingebaute und verplombte Kennungsgeber! Denn zu jedem Telexanschluss gehört auch die sog. Telex-Kennung, die sich von der Gegenstelle jederzeit abfragen lässt. Die auf jedem Fernschreibausdruck eingefügten Daten wie Uhrzeit und Datum des Telegramms stammten übrigens nicht von den Endgeräten selbst (wie bei Telefax), sondern werden an zentraler Stelle im Telexnetz erzeugt! Wegen seiner hohen Manipulationssicherheit ist das Telexnetz in zahlreichen Ländern bis heute das Kommunikationsmittel von Behörden und Firmen schlechthin. Telexnetze bildeten im zweiten Weltkrieg die Grundlage der Nachrichtenübermittlung zwischen den Stäben, setzten den Grundstein zum bargeldlosen Zahlungsverkehr der Banken und ermöglichten eine weltweite Presseberichterstattung.

TELEX-Funkverbindungen sind einfach abhörbar. In jeder Phase der Übertragung können die übertragenen Daten dekodiert und sichtbar gemacht werden. In den 80er Jahren konnten noch zahlreiche TELEX-Nachrichten des Ostblockes problemlos mitgeschrieben werden.

```
yr tlx 17/9
sorry no intereset in yr goods in 4 quarter our carpets offered
 in tirana to mr luzi 1-9/9/1987
other goods cannot offer
thanks rgds
       unicoop 1482 kocourkova

col 17/9 4 1-9/9/1987 1482
```

Anhang 26: Beispiel einer Kurzwellen-FAX-Übertragung aus den 80er Jahren, zur Mitschrift eignete sich jeder mechanische Fernschreiber mit der passenden Schrittgeschwindigkeit (50 oder 75 Baud)

Der Ausbau des deutschen Telexnetzes schritt immer weiter voran und erreichte in den späten 80er Jahren mit 140 000 Teilnehmern seinen Höhepunkt. Versuche, das 5-Bit orientierte klassische Telexverfahren durch ein Leistungsgesteigertes 8-Bit Übertragungsverfahren (»Teletex«, Groß/Kleinschreibung und Sonderzeichen) zu ersetzen, schlugen bei den Kunden nicht mehr durch. Als nämlich die ersten Fax-Geräte (damals noch Gruppe I und II-Faxgeräte) am Markt erschienen, war die Endrunde des Telexdienstes eingeläutet. Faxgeräte benötigen kein eigenes Leitungsnetz, sondern arbeiten an gewöhnlichen Telefonleitungen und können zudem Bilder und Grafiken übermitteln. Die damalige Bundespost trieb die Verbreitung dieses Telefaxdienstes entsprechend voran. Um eine ähnliche Übertragungssicherheit wie bei Telex zu erreichen, wurden die Benutzerkennungen an den Faxgeräten wie bei Telex ausschließlich von Postbeamten eingestellt! Das gab man freilich bald auf und so haben Telefaxe wegen ihrer vielfältigen Manipulationsmöglichkeiten rechtlich gesehen bis heute nicht den Stellenwert eines Fernschreibens!

Beispiel:
Telex-Nummer und -Kennung der deutschen Botschaft in Moskau:
(Landesvorwahl) 414309 aasv ru

Der Betrieb von Telex und Telefax verlief in Deutschland einige Jahre parallel, denn weltweit sind bis heute noch ungezählte Fernschreibnetze im Einsatz, mit denen man schließlich kommunizieren möchte ! Einige Firmen sind bis heute ausschließlich via Telex zu erreichen. Nicht nur, dass sich Faxgeräte in einigen Ländern nur recht langsam ausbreiten, wegen der qualitativ schlechten Telefonnetze arbeiten sie unzuverlässig, das FAX (Gruppe 3)-Protokoll kann Übertragungsfehler nicht korrigieren! Die Zahl der Telex-Anschlüsse weltweit nimmt dennoch immer weiter ab und viele dieser oft 50 kg schweren ausgemusterten Maschinen fanden ihren letzten Platz bei Funkamateuren, die mit Hilfe von speziellen Konvertern Funkfernschreiben (RTTY) mit Gleichgesinnten praktizieren oder auch kommerzielle Funksendungen (Presse- oder Wettermeldungen) mitschreiben. (Auch hier haben sie allerdings ausgedient, mittlerweile haben PCs deren Arbeit übernommen!)

Trotz einiger Proteste wurde das Telexnetz in Deutschland in den 90er Jahren außer Betrieb genommen, ähnliche Absichten in Österreich scheiterten übrigens am Protest der Industrie! Wegen ihrer eigentümlichen Stromschnittstelle ist ein Anschluss von Fernschreibern an das Telefonnetz auf direktem Wege nicht möglich. Um dennoch mit Fernschreibstellen in anderen Ländern kommunizieren zu können, hat die Telekom einen Netzübergang mit dem Namen »Telex-Mail« geschaffen. Eingehende Fernschreiben aus dem Ausland werden in eine E-Mail umgesetzt und umgekehrt. Auf Wunsch können eingehende Fernschreiben auch auf Telefax umgesetzt und so übermittelt werden. Auf diese Weise bleibt man unter seiner alten Telexnummer und –kennung weiter erreichbar oder kann sich diesen virtuellen Telex-Anschluss sogar neu einrichten lassen!

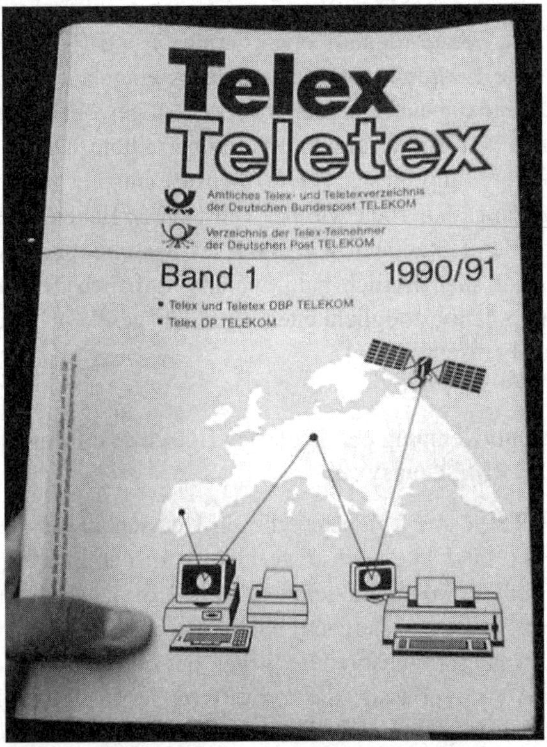

Anhang 27: Die letzte Ausgabe der TELEX-Nummernliste enthielt auch die Nummern von Fernschreibern in der ehemaligen DDR

12.8 Glasfaserleitungen unter Autobahnen und Gewässern

Anhang 28: Mit diesem Schild im Hafen von Belize wird auf ein Unterwasserkabel hingewiesen. Ankern streng verboten, sonst kommt mit dem Anker auch das Kabel wieder mit nach oben!

Zahlreiche Nachrichtennetze sind in den letzten Jahren neu entstanden. Einige private Kommunikationsunternehmen haben beispielsweise Glasfaserleitungen entlang der Bundesautobahnen eingegraben, ein eleganter Weg, um große Städte miteinander zu verbinden. Dort sind schon seit vielen Jahren Kabelhäuser zu sehen, die Bestandteil des Telefon- und Funknetzes des Autobahnbetriebsdienstes sind. Weniger bekannt ist aber die Tatsache, dass Glasfaserleitungen nicht nur an Land, sondern auch in regionalen Gewässern verlegt sind. Quer durch den Vierwaldstättersee (Schweiz) verbindet ein Glasfaserkabel mehrere Orte und auch in einigen deutschen Flüssen dürften solche Leitungen liegen. Tatsächlich wurden sogar Seekabel in der Vergangenheit durch U-Boote abgehört oder gezielt zerstört, eher eine Angelegenheit für Geheimdienste!

12.9 Städtische Regionalnetze

Im Zuge von Gleis- und Trassenerneuerungen werden meist auch Unmengen von neuen Leitungen verlegt, manchmal sogar auf Vorrat. Das Ergebnis: Haltestellen, öffentliche Plätze und ganze Straßenzüge werden plötzlich per Videokamera überwacht. Es scheint offenbar völlig normal geworden zu sein, dass regionale Verkehrsbetriebe ohne Begründung ständig neue Kameras installieren. In einigen Städten werden diese Videoleitungen bedarfsweise oder dauerhaft zur Polizei durchgeschaltet, die Öffentlichkeit erfährt von solchen Aktionen eher »nebenbei«. Zur Sicherheit tragen diese Systeme tatsächlich nur wenig bei, wie Erfahrungen aus anderen Ländern bereits zeigen.

Anhang 29: Öffentliche Plätze und Bahnübergänge sind häufig mit Videokameras bestückt. Als Übertragungsmedium werden Koax- und Glasfaserleitungen, gelegentlich aber auch 2,4 GHz-Vidoelinks benutzt.

12.10 Landesweites Funkpeilnetz der RegTP

Anhang 30: Fernbedienter Funkpeiler auf dem Dach des Zentralklinikums Augsburg

Recht unbemerkt von der Öffentlichkeit entstand vor einigen Jahren ein flächendeckendes Abhör- und Peilnetz im Auftrag der Regulierungsbehörde Post und Telekommunikation (RegTP). Die Fernbedienten Peilstationen befinden sich auf hohen Gebäuden in zahlreichen deutschen Städten und werden zentral angesteuert. Auf der motorisch angetriebenen Drehmast sitzt gleich eine ganze Batterie von Richtantennen verschiedenster Frequenzbereiche.

Anhang 31: Verschiedene Antennentypen erlauben die Abdeckung eines sehr breiten Frequenzbereiches, der gesamte Antennenkopf ist um 360 Grad drehbar

Über die Art der Messungen schweigt man sich aus. Peilung von Funkstörungen, Schwarzsender können mit dem Peiler ebenso erledigt werden, wie sog. »Routinemessungen«. Da werden regelmäßig Frequenz und Bandbreite der UKW-Rundfunksender nachgemessen, die sich gerne mal ein paar Kilohertz Frequenzhub mehr gönnen. Dann nämlich sind sie etwas lauter als die Konkurrenzstationen auf dem Band und locken (vermeintlich) mehr Hörer an.

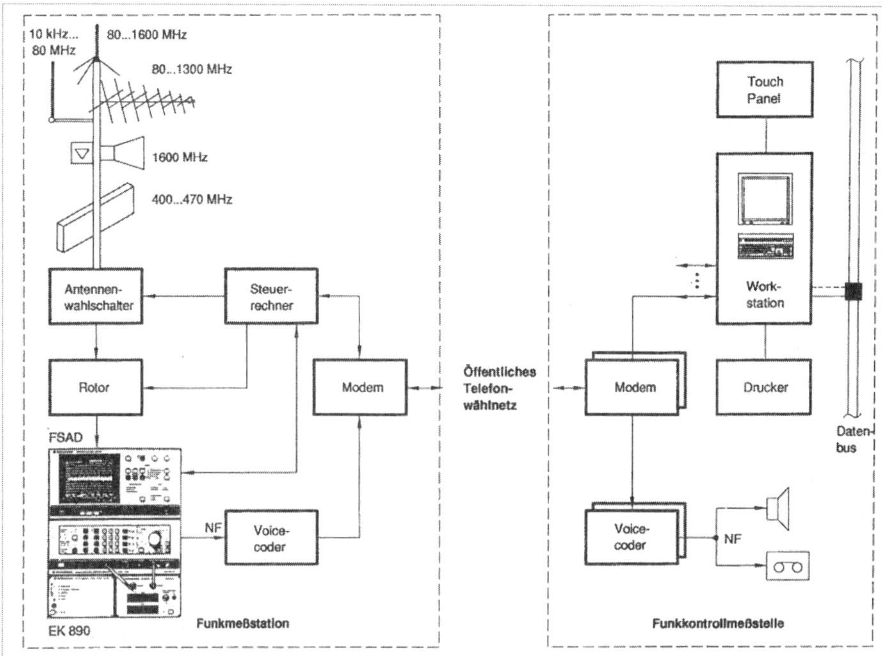

Anhang 32: Das aufwendige Peilsystem wird über das Telefonnetz aktiviert und erlaubt auch das Abhören jeder regionalen Funkverbindung (Quelle: R&S)

Um den Ort einer Funkstelle einzugrenzen, bedient man sich meist der Kreuzpeilung. Dabei wird die Funkstelle von mehreren Peilern gleichzeitig anvisiert und die Peilwerte auf eine Karte eingetragen. Theoretisch müssten sich alle Peillinien in einem Punkt treffen, in der Praxis erhält man ein sog. Peildreieck. Die gesuchte Funkstelle muss sich also innerhalb dieses Dreieckes befinden. Je größer das Peildreieck, desto unpräziser war die Peilung. Ein präzises Auffinden eines Senders ist daher kaum möglich, aber immerhin ein grobes Eingrenzen auf einen Stadtteil. Das gezielte Eingrenzen der Funkstelle (meist Funkstörer oder Schwarzsender) geschieht immer noch durch die berüchtigten Peilwagen oder mit einem Handpeiler zu Fuß.

12.11 Kurzwellenpeiler

Die US-Streitkräfte hatten schon in den 60er Jahren ein weltumspannendes Peilnetz aufgebaut, um gegnerische Aktivitäten frühzeitig zu entdecken. So wurde in Augsburg, auf dem Gelände des früheren Wehrmachtsflugplatzes eine sog. Wullenweber-Peilanlage für Kurzwellen aufgebaut. Dieser Großbasispeiler erlaubt sehr genaue Peilungen und bei Kenntnis des Ionosphärenszustandes (Höhe der reflektierenden Schicht) auch eine Entfernungsabschätzung ohne Kreuzpeilung durch eine zweite Peilanlage. Nach Abzug der US-Truppen wurde die gesamte Anlage von der Bundesrepublik übernommen und als »Fernmeldestelle Süd« weitergeführt

Anhang 33: Gigantische Wullenweber-Peilanlage nördlich von Augsburg, heute unter der Bezeichnung »Fernmeldestelle Süd« betrieben.

Stichwortverzeichnis